设计
SHEJI

新视角
XIN SHIJIAO

书系
SHUXI

U0167276

女性视角下
城镇街道景观的传承与更新

田密蜜 著

中国水利水电出版社
www.waterpub.com.cn
·北京·

图书在版编目（CIP）数据

女性视角下城镇街道景观的传承与更新 / 田密蜜著
. -- 北京 : 中国水利水电出版社，2021.6
（设计新视角书系）
ISBN 978-7-5170-9689-4

Ⅰ. ①女… Ⅱ. ①田… Ⅲ. ①城镇－城市道路－景观
设计 Ⅳ. ①TU984.1

中国版本图书馆CIP数据核字(2021)第124368号

书　　名	设计新视角书系 **女性视角下城镇街道景观的传承与更新** NÜXING SHIJIAO XIA CHENGZHEN JIEDAO JINGGUAN DE CHUANCHENG YU GENGXIN
作　　者	田密蜜　著
出版发行	中国水利水电出版社 （北京市海淀区玉渊潭南路 1 号 D 座　100038） 网址：www.waterpub.com.cn E-mail：sales@waterpub.com.cn 电话：（010）68367658（营销中心）
经　　售	北京科水图书销售中心（零售） 电话：（010）88383994、63202643、68545874 全国各地新华书店和相关出版物销售网点
排　　版	中国水利水电出版社微机排版中心
印　　刷	清淞永业（天津）印刷有限公司
规　　格	170mm×240mm　16 开本　13.5 印张　187 千字
版　　次	2021 年 6 月第 1 版　2021 年 6 月第 1 次印刷
定　　价	68.00 元

内容提要

　　中国新型城镇化建设的大背景下，城镇化建设的重点从大规模量化建设向可持续性的质化建设转变。欧美国家更是早已进入了城镇有机更新的建设之中。本书中所谈的女性视角，并不是孤立强调街道环境中的女性意识，或是片面满足女性在城镇街道环境中的诉求，而是通过解析城镇街道景观的演变特征、构成要素、美学特质，从城镇街道景观特点和女性对街道环境特有感知出发，探讨城镇街道景观在城镇化深入发展之下的更加人性化、更可持续性的传承与更新之路。本书特色在于：

　　聚焦空间研究范围。本书在街道景观的传承与更新研究中侧重于城镇空间，将量大面广的小城镇街道景观营造纳入研究范围，为新型城镇化建设的深入开展提供了更深入的研究依据。

　　揭示人性研究视角。本书聚集女性化视角，力图以更为多元、平等、包容的观察和研究，探讨人与街道公共空间之间的深层联系和互动关系，以便完善街道景观设计的人本化策略。

　　展望未来研究前景。本书不仅对过去、现在的城镇街道景观进行剖析解读，还对未来的街道景观发展作出展望，尤其结合当前智慧城市建设的策略方法，为城镇街道景观的进一步发展提供参考。

　　本书可供建筑、规划、环境设计专业设计人员阅读，也可供相关专业的师生参考。

前　言

　　人们熟悉一座城，通常会从最常漫步的那条街道开始。街道上的一草一木一砖一瓦，编织着街道与众不同的风景，人们也从街道景观中读懂了大城小镇的故事。中国 40 年城镇化的步伐，让城镇街道景观呈现出不同的风景，有的温婉，有的粗犷，有的精彩，有的滑稽。到底怎样的街道景观才是城镇风采的最好演绎，城镇街道又应如何讲述引人入胜的城镇故事，成为萦绕在城镇化建设浪潮中的研究者、建设者和管理者心头的疑惑。笔者身为女性，不自觉会以女性的视角去探寻街道景观的过去、审视街道景观的当下和遐想街道景观的未来。

　　女性虽为城镇街道空间的重要参与者，但在我国，从女性视角关注街道景观的研究还很少。一方面，谈及城镇化建设总是把经济、社会等因素置于首位，对街道景观中人的性别差异因素考虑较少；另一方面，对女性主义还缺乏了解，也存在一些偏差，如把女性主义简单理解为女权主义，而忽视了从城镇环境的中微观空间层面，女性视角能给街道景观提供的独特视野和有效方法。

　　本书探讨女性视角下的城镇街道景观，试图从一个侧面去发现街道公共空间中被忽视的女性群体，建构一种性别视角的城镇街道景观。但又不仅仅停留于为女性呐喊，而是期望以更加包容的胸怀，让包括女性在内的弱势群体成为街道空间的关注对象，进而推动街道景观中两性的互补和各类群体的交融，从而为城镇街道景观的传承和更新探索出更为合理和人性的设计之道。

本书的创作缘起我在欧洲访学的经历，英国乡村蜿蜒的街道上扑面而来的阵阵花香，法国巴黎笔直的大道上应接不暇的雄伟建筑，意大利水城威尼斯穿城而过的贡多拉，让我在感叹西方城镇街道多姿风采的同时，倍加思念桂花飘香时杭城街巷的江南风韵。中国地域辽阔，东西南北城镇风貌迥异。中华的崛起让我们能更加自信地去营造好体现"千城万面"独特风情的街道景观，传承好五千年悠久历史在街头巷尾的文明印记，创造好更适合当下和未来的城镇街道景观的新风貌。这是一个契机，更是一份担当。

本书的写作是在忙碌的教学科研工作之余，在尽人师、人母、人女之责后觅得的零碎时间里完成，力有不逮，书中有诸多不足之处，诚恳期待读者的批评与指正。同时非常感激这一路给予我帮助和支持的师长、同仁和亲友。感谢导师潘长学教授的鼓励和肯定，使我有动力坚持完成本书的写作。感谢王洁教授、邱松教授和严晨教授在选题之初给予的中肯意见和指导。感谢中国水利水电出版社给予本书出版的大力支持。研究生应雨希、谢舒静和本科生严丹青、吴静月协助完成了本书的配图工作，张圣东先生为本书提供了摄影作品，还有不少朋友为本书的出版提供了帮助，在此一并感谢，并致以深深的敬意！

最后，感谢我亲爱的父母和儿子，当我远赴异国求学和忙于繁杂工作时，始终给予我坚定的支持和温暖的关爱。这份爱让我更坚定了自己的方向，更有勇气为自己的信念不畏艰难，坚持前行！

衷心希望这本书能让更多的人关注街道中的景观和它们的故事。

田密蜜

2021 年春于杭州西溪

本书为教育部人文社科研究项目"基于生态与文化双修的特色小镇环境设计策略研究"（18YJC760078）和浙江省哲学社会科学规划课题"城镇街道景观演化特征、演进机理及其优化路径研究——以浙中地区为例"（16NDJC215YB）研究成果。

目 录

前言

第一章 释义：城镇·街道·景观　/ 1

　　一、古今的"城镇"与中西的"街道"　/ 1

　　二、街道景观的内涵、构成与类型　/ 15

　　三、街道景观的演变特征　/ 24

　　参考文献　/ 39

第二章 视角：女性·感知·美学　/ 41

　　一、女性主义、女性视角与性别差异　/ 41

　　二、女性与街道　/ 48

　　三、街道景观美学　/ 57

　　参考文献　/ 82

第三章 思忖：困惑·他山之石·启示　/ 83

　　一、街道景观现状中的困惑　/ 83

二、他山之石，可以攻玉 / 96

三、启示 / 124

参考文献 / 126

第四章 求索：传承·万象更新·再生 / 128

一、女性视角下城镇街道景观的传承之道 / 128

二、女性视角下城镇街道景观的更新之策 / 140

三、新型城镇化背景下城镇街道景观设计思考 / 164

参考文献 / 183

第五章 展望：她风景·共舞·未来 / 185

一、女性景观设计师们那些打动人心的景观作品 / 185

二、未来街道的景观畅想 / 193

参考文献 / 207

当我们想到一个城市时，首先出现在脑海里的就是街道。街道有生气，城市也就有生气；街道沉闷，城市也就沉闷。

——简·雅各布（Jane Jacobs）《美国大城市的消亡与生长》

第一章
释义：城镇·街道·景观

一、古今的"城镇"与中西的"街道"

（一）中国古代文献中的"城"与"镇"

在中国古代文献中，"城""市"和"镇"分别是不同的概念。中国古代文献中的"城"指的是内城的墙，起到防卫、扼守的军事职能，满足政治、军事、经济和文化统治的目的。如《管子·度地》曰："内为之城，城外为之郭。"《墨子·七患》曰："城者，所以自守也。"中国古代文献中的"市"指的是商品交换的场所，如《周易·系辞下》曰："日中为市，致天下之事，聚天下之货，交易而退，各得其所。"《周礼·地官·司市》中记载："大市，曰昃而市，百族为主；朝市，朝时而市，商贾为主；夕市，夕时而市，贩夫贩妇为主。"东晋时期还出现了满足城外农民交易需要的定期集市，称为"草市"。随着社会经济的发展，"城"与"市"逐渐结合成一体，形成"城市"。中国古代文献中的"镇"在五代之前指的是边防地区设立的军事管理机构，如《新唐书·龟兹传》中提到："拜布失毕左武卫中郎将，始徙安西都护於其国，统于阗、碎叶、疏勒，号四镇。"其中的"四镇"便是唐朝政府为了保护安西都护府及龟兹地区所设立的四个军镇。五代末期，草市和军镇开始合体，称为"市镇"，至宋代，发展成熟。这种单一的贸易单位和军事单位升级为综合的行政单位，也就是传统的乡村性小城镇。

（二）当今学界中的"城镇"之辩

在当前，我国学术界对城镇概念的理解，还存在着分歧。从城镇概念的地理范围界定角度，刘冠生在《城市、城镇、农村、乡村概念的理解与使用问题》中比较了《辞海》和国家统计局有关规定中对"城镇"概念的解释。《辞海》中将"城市"与"城镇"两个概念通用，城市即城镇，范围不仅包括行政区域中的建制市，还包括行政区域中的建制镇和非建制镇的集镇。国家统计局于 1999 年制定并发布的《关于统计上划分城乡的规定（试行）》（以下简称《规定》）中对城镇的定义略有不同，《规定》指出："城镇是指在我国市镇建制和行政区划的基础上，经本规定划定的城市和镇。"其中，非建制镇的集镇并不属于城镇范围。《规定》明确了城镇不等同于城市，城市从属于城镇。晏群在《小城镇概念辨析》中指出："狭义的'城镇'概念仅包括城市与建制镇，广义的'城镇'概念可以包括乡集镇。"归根结底，城镇是区别于乡村的相对永久性的大型居民点。从地理学、规划学角度来讲，城镇是相对于村落而言的一种聚落类型；从经济学角度来讲，"城镇是其所在地区的中心和人口集中点，是以非农业生产活动为主，并有一些非生产活动（行政、军事、文化等）的一种居民点"。本书所谈论的城镇为广义的城镇概念，且城镇与城市本就一体，不必刻意分割。周一星在《城市研究的第一科学问题是基本概念的正确性》一文中谈到：英文"urbanization"最准确的中文翻译是"城镇化"，"城市化"和"城镇化"可以通用，但中国的城镇化发展具有很强的中国特色，不能片面理解为效仿国外发展大城市的道路，而是要同时建设好小城镇、社会主义新农村，解决城乡二元体制、缩小城乡差异。本书中研究的"城镇"是广义概念，较之相对成熟的大城市，本书更侧重于中小城镇的发展，也是当前我国新型城镇化发展的重心。

（三）中国街道的形成

中国街道的影子最早可追溯到 1989 年在湖南澧县发掘的距今 7000～8000 年的彭头山遗址的人类聚落中，比西方学者利勒拜（Lillebye）认为的最早意义上的街道——公元前 6000 年新石器时代的塞浦路斯（Cyprus）的基罗基蒂亚（Khirokitia）还要早 1000 年以上。中国古代城市的棋盘式街道网起始于奴隶社会的西周（图 1-1）。《周礼·考工记》中记载："匠人营国，方九里，旁三门，国中九经九纬，经涂九轨，左祖右社，面朝后市，市朝一夫。"从现存的春秋战国时期的城市遗址，如侯马晋国新田遗址、燕下都遗址、赵邯郸故城等来看，确有以宫室为主体的情况，同时若干小城遗址还有整齐、规则的街道布局。其构想是以三条横街、三条竖街作为城市的街道网。可以看出，当时人们已经认识到街道

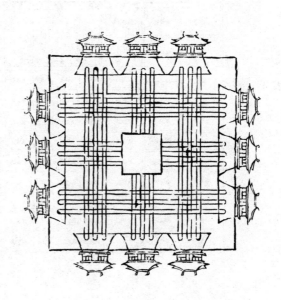

图 1-1 《三礼图》中的周王城图
（图片来源：刘敦桢 . 中国古代建筑史［M］.
北京：中国建筑工业出版社，2003。）

的组织与尺度是表现城市空间系统和社会等级秩序的重要手段。

中国古代漫长的封建制度和统治者的封闭自守，加上经济上自给自足的特点，表现在城市空间环境上，就是没有人与人交流的公共空间，因而无广场，街道封闭而狭小。王城的城墙、宫殿、街道系统、神社等均按礼制严格布局。尤其是唐代，因为严格的里坊制，街道封闭单调，尺度小（图1–2）。坊内的宅第，除高官显贵外，其他是不能对街道开门的，因此商品交换只限几个固定的市肆，街道大多只起交通作用，街道景色毫无生气。这时的城市街道界面，更多地表现为"围墙"。

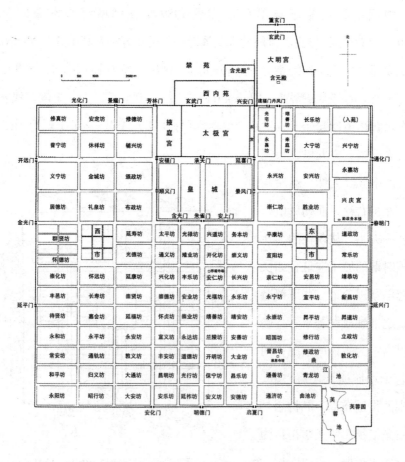

图1–2　唐长安城复原图

（图片来源：刘敦桢.中国古代建筑史［M］.北京：中国建筑工业出版社，2003。）

唐末以后，人口过密，居住混乱，城市秩序已难控制，封闭的里坊制根本无法维系，居民侵街现象非常严重，坊墙破坏不堪。市场也不再受局限于几处，开始在有利地点滋生。于是乎，街道扩建，"其京城内，街道阔五十步者，许两边人户，各于五步内，取便种树掘井，修盖凉棚，其三十步以下至二十五步者，各与三步，其次有差"。这种沿街住户临街开门，在门的两侧种树、掘井和盖凉棚，显示出一种新的街道景象。随后，许多居民又临街开店起楼，经过这样的变化，城市已呈现出了令人耳目一新的"街巷"格局了。从《东京梦华录》中对街巷的描写可以看出，北宋东京城内中各个坊内的接开口方向和形式都不尽相同，相互贯通构成十字大街的街道可能都是原来的坊间大街，坊内还存在巷。街道的宽度在史料中未见记载，只能推断坊内十字街宽度约10步，巷宽度则无从推断。宋东京城市官方还很重视街道的绿化，周世宗在展筑外城、拓宽街道的同时，也规定在街道两旁由百姓自行种植树木，注重街道绿化。《东京梦华录》中记载的御街两旁"近岸植桃李梨杏，杂花相间，春夏之间，望之如绣"，可以窥见当时街道景观的丰富与绚烂。随着街道生活的逐渐丰富，北宋开封城出现了店铺密布的商业街，城内一些地方通宵营业，有夜市及晓市。街道界面变得层次丰富，街道充满了生机。宋朝张择端所绘《清明上河图》（图1-3）充分表现了这种繁华的都市景象。在我国古代都城中，南宋临

图1-3　张择端《清明上河图》局部

安城的布局颇为特别。南宋的临安，虽是一座自然形的、布局不对称的都城，但城内布局还是有一定规则的，也气派。街巷河道也比较有秩序。在街巷河道的网格之间，分设九厢八十余坊。"坊"是城的内部结构的一个基本单元，四周有高墙，与外界联系出入有门两个至四个，坊内有十字交叉的两条大路，然后是小路，称巷（又称"曲"），宅舍入口即在巷内。这种格局，后来一直保留下来，成了很有生活情趣的空间形态。南宋著名诗人陆游的《临安春雨初霁》曰："小楼一夜听春雨，深巷明朝卖杏花。"形象地勾画出了当时市井巷里的生活情趣。

中国古代城市街道路网达到完全成熟的标志是明清时期的北京城。明清时期北京城的建设水平，达到了我国城市建设艺术史上的顶峰，也充分反映了《考工记》中的理想城市模式对城市建筑的巨大影响。沿着长达8公里的中轴线，配置了城阙、牌坊、华表、广场等设施，加强了沿街道行进间延展性的空间变化，创造了肃穆的气氛，显示了天朝皇帝至高无上的权威。在这里，街道已不仅仅是交通路线，而成为创造活动空间与环境气氛的重要手段。清代街道延续了明代街道的井字形结构和街道等级，但在清代八旗制度下，功能发生了变化：内城变成了军营，街道具有军事功能；外城街道多为居民生活区街道（图1-4），生活气息浓郁。外城街道出现了正阳门、大栅栏、天桥等商业区。有记大栅栏曰："画楼林立望重重，金碧辉煌瑞气浓。"近几年，北京大栅栏国粹商业街改造升级，人们可以从这条有着500年历史的古街上的老字号商铺和历史文化遗存中，追溯当年古都的独特风貌和商业、文化底蕴。

千百年来，城市街道除在城市景观与市民精神生活方面充当着重要的角色外，还成为居民生活不可分割的一部分。例如，北京至今仍存在的骡马市大街、花市大街、宝钞胡同、灯市口、弓箭大院等地名，就反映出当时的街道便是行业贸易与物品生产的重要场所。

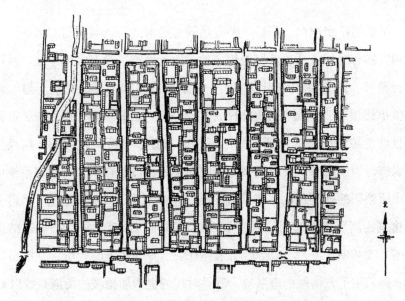

图1-4　清代北京典型街坊局部（据《乾隆京师全图》摹绘）

（图片来源：刘敦桢.中国古代建筑史［M］.北京：中国建筑工业出版社，2003。）

（四）西方街道的形成

纵观西方古代城市建设史，不难看到街道系统不仅是组织城市空间的框架，而且是体现社会秩序、组织社会生活的重要手段。考古学家在 20世纪 20—60 年代对印度河流域的摩亨佐·达罗（Mohenjo Daro）的考古发掘中发现，早在公元前 2550 年以前，摩亨佐·达罗城就具有完整的城市街道格网系统，东西、南北方向较宽的街道把城市划分成大的街区，大的街区又被狭窄的小巷划分成更小的街区，并且建筑通常围绕着庭院建设。一些西方学者对古文明时期的街道设计思想做过研究分析，认为古文明时期的街道建设受到气候、防御以及宗教信仰的影响。例如，美索不达米亚城市中较宽的主街，一般通向主要的纪念道路；通向邻里的次要道路，提供有限的牲畜交通；死胡同，则提供隐私空间，并抵御太阳的暴晒和敌人的攻击。

　　早期的希腊城市，多是一种自然的有机形式，这与希腊的地理环境条件和气候有密切关系。希腊地势多山，地形崎岖，没有大河平原，海岸线曲折漫长，属典型的地中海气候，冬季寒冷湿润，夏季炎热干燥。希腊的城市建设与自然地貌呈现相互和谐的对应关系。城市平面基于希腊人对自然地貌所表现的神话特质的理解而布置，不强调人为的几何秩序，而强调行为场所中所要求的视觉与空间关系，以及在大尺度景观系统中，城市所象征的神圣地位。在希腊雅典，直到今天，城市规划仍严格遵循新建建筑物高度不能超过雅典卫城高度的准则，体现"神守护城"的理念（图1-5和图1-6）。希腊后期米列都城、罗马帝国时代所建立的殖民城市，都采用了方格网街道系统。罗马时代的提姆加德城的街道系统以 Card 和 Decumans 两条街道作为轴线，将城市分为四个区。Card 为南北主要大街，代表罗马人心目中的世界轴线，而东西向的 Decumans 街则代表太阳的升起与沉落，象征生命的诞生与死亡。这样的街道系统体现了罗马社会存在的内涵，强化了罗马人征服和支配世界的野心。

图1-5　希腊雅典卫城遗址

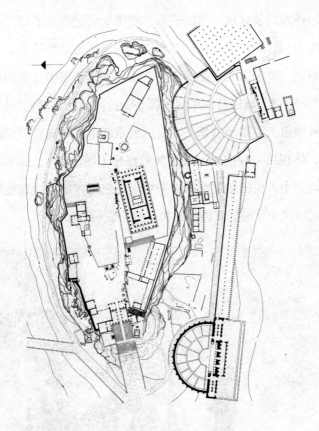

图 1-6　希腊雅典卫城平面图

　　随着罗马帝国的崩塌，作为公共空间的城市街道也逐渐受到侵占，原来宽阔的、有良好铺装与排水系统的清晰格网式的罗马街道，逐步演变为不易通行的、肮脏的、排水条件较差的、狭窄的、不规整的城市街道。在中世纪新城镇里，街道是步行的交通路线，生活是街道的重要功能，交通功能是次要的。街道不但狭窄且不正规，经常有急转弯和死胡同。但中世纪街道有另一种令人愉悦的特点：街道两边连有拱廊，商铺沿拱廊开设；在南方狭窄的街道上，有很宽的挑檐，可使行人免受日晒雨淋。

　　文艺复兴与巴洛克时期城市建设的重点，就是对中世纪遗留下来的弯弯曲曲、狭窄的街道、陈旧且不堪重负的城市排水系统以及被市场侵蚀的城市公共广场进行改造。这其中出现了一个创新就是"主要直街"，不仅实现了与周边建筑以及区域线路的连接，更重要的是提高了城市内部地区之间的通行能力。在城市设计中，基于格网的城市形态替代了中世纪自然的城市街道形态。基于人文主义的广场、市场和场所等围合空间也逐步替代宗教活动空间，成为城市公共生活的核心。至18世纪中期规划巴黎城时，又形成了一种城市街道系统的新典范。这种系统由无数向外扩张的放射形街道所组成，体现出一种向外无限延伸的理想（图1-7）。后来在美国华盛顿广场的规划中，法国建筑师郎方采用了方格网与放射状相叠加的典型的"巴洛克"形式来反映当时国家机构三权分立的政治环境。

图1-7　居斯塔夫·卡耶博特《巴黎的街道·雨天》

西方古代街道的尺度一般较小。古雅典（公元前5世纪）街道很狭窄，一般小巷仅能供一人牵一驴或一人背一筐行走。欧洲古代城市街道两边设人行道的较多。罗马共和时期的庞贝城及古罗马帝国时期的街道两侧都有人行道。在巴尔米拉、提姆加德等城市里，干道两侧有长长的列柱。通常，列柱设在车行道与人行道之间。在北非提姆加德等阳光暴烈地区，人行道上设有带顶的柱廊。许多欧洲古城的街道两旁，都有柱廊供人步行。柱廊通达城市中心广场，与广场柱廊连成整体。柱廊与房屋檐口高度一致，形成气势壮阔的轴线布局与透视景象。古代欧洲交通工具主要是马车，但人行道的设置要比中国古代城市普遍，空间处理也较丰富，这种差异来自东西方文化的差异。西方古代城市的主人是具有独立地位的自由民，实行的是民主政治，自由民经常要组织体育竞技、诗歌音乐会及演说活动，推动公民文化和促进平等、自由，所以公众活动尤其重要。城市外部空间比较发达，城市的中心往往是市民集会的广场，街道与广场通过各种方式组合起来。有了这种重视外部空间的意识，才有了街道丰富的空间层次。街道在西方人的生活中是十分重要的，他们在街头、广场散步，喝咖啡，聊天或只是看街道上行人的活动。另外，一些盛大的游行、集会也都是在街道与广场上进行的。

（五）街道类型与意义

综合考虑沿街活动、街道空间、景观特征和交通功能等因素，可以将街道划分为商业街道、生活服务街道、景观休闲街道、交通性街道与综合性街道五大类型。商业街道沿线以零售、餐饮等商业为主，是具有一定的服务功能或业态特色的街道。生活服务街道沿线以服务本地居民的中小规模零售、餐饮等生活服务型商业以及公共服务设施为主。景观休闲街道内滨水景观、历史风貌特色突出，街道沿线设置集中、成规模的休闲活动设施。交通性街道以非开放式界面为主，交通功能较强。综合性街道是功能与界面类型混杂程度较高或兼有两种以上类型特征的街道。城镇街道除上述类型和功能外，还有一些特定功能。这些具有特定功能的街道一般以公共交通和慢行交通为主要服务对象，是城市慢行系统的重要组成部分。例如，步行街是专供步行的街道，一般结合步行交通量较大的商业街设置，限制或禁止机动车与非机动车通行。步行街可以改善城市步行环境，活跃商业氛围，提升城市活力（图1-8）。绿地内的慢行道以景观休闲和健身

| 女性视角下城镇街道景观的传承与更新

图1-8　商业步行街道杭州河坊街

功能为主，可以设置跑步道、自行车专用道等特殊类型的道路。绿道是近几年在城市中广受欢迎的新的道路类型，主要依托绿带、林带、水道河网、景观道路、林荫道等自然和人工廊道设置，是一种具有生态保护、健康休闲和资源利用等功能的绿色线性空间。

如果将城市比作一台运转精密的仪器，那么街道就犹如这台仪器的外部形象。我们窥探不到仪器复杂的内核，但能轻松地从外形上感受或笨重或轻巧的仪器形象特征。人们通过街道来认识城市，从传统风貌街道上解读城市的过往，从现代风貌街道上品味城市的当下：街道折射着城市的文化视野、精神内涵、产业活力和社会变迁。街道是展示城市形象的外部窗口。

人们用"车水马龙"来形容车如流水、马如游龙般热闹繁华的街道景象。街道犹如城市的血管，纵横交错且有条不紊地承载着城市交通的运行。随着社会经济的发展，人们除了追求街道通行的速度，更渴望街道通行的舒适度。在大力发展快速交通的同时，也注重塑造适于步行、骑行和保障地面空间与设施的街道。便利、舒适、安全、活动丰富、适宜步行的街道越来越受到人们的喜爱。街道是促进绿色交通的形象大使。

城市里连接工作、居住、学习、休闲等生活目的地的空间线索是我们最熟悉的街道。不同的街道空间，给人以不同的生活空间体验。商务街区的街道上只见行者步履匆匆；住区街边，邻居们聊天，孩童们玩耍；休闲街区里，情侣们在街角惬意地喝着下午茶……这些街道里交织的市井画面，创造着纷繁的街道活力。街道是提供生活记忆的场所舞台。

街道除空间属性与交通功能外，还有其经济发展的重要资源。富有活力的街道，可以带动周边土地价值的提升，增加就业岗位，吸引多元化、高品质的商业设施与便利服务，满足街区的活动所需。优良品质的街道与经济增长、空间创新并列，是扩大城市影响力和提升城市竞争力的重要因素。街道是推动经济繁荣的助力器。

二、街道景观的内涵、构成与类型

（一）街道景观的内涵

"街道景观"是随着现代城市建设发展而出现的新词汇，目前对它还没有较为明确的定义。芦原义信在《街道的美学》一书中对"街道的构成"的诠释主要围绕街道与沿街建筑的尺度和空间关系。陈宇在博士论文《城市街道景观设计文化研究》中对"城市街道景观"的概念限定为"包括体现城市历史、文化、自然风貌的道路景观，也包括反映的城市生活性场景的街巷景观"。李磊在博士论文《城市发展背景下的城市道路景观研究》中对"城市道路景观"的概念理解是"包括静态的物质空间和历史赋予这些物质空间的文化内容，还有人的行为的动态部分"。本书中"街道景观"概念中，"街道"的空间界定，更倾向于由沿街建筑围合形成的与人的社会生活密切相关的街巷空间，区别于"道路"的概念。"道路"除包括"街道"所涵盖的空间范围外，还包括纯粹交通功能作用的空间，例如城际高速公路、市级快速路等，不在本书讨论范围之列。本书中的街道景观，也就是街道空间范围内的物质环境风貌和历史人文风貌的总和。城镇街道景观的含义中既有相对静态的以沿街建筑、植物绿化和景观小品为表现的物质空间景观，也有相对动态的伴随城镇发展而沉淀的历史文化景观。

（二）街道景观的构成要素

随着时代的进步和城市的发展，当前城镇街道景观的构成大体包括以下内容。

（1）街道。街道本身是街道环境的构成主体。街道既是城镇的交通枢纽空间，也是城镇的生活交往空间，更是构成街道环境的主体空间框架。

街道环境中的其他元素都必将与街道发生联系，在合宜、适度的相互关系中共同组成街道环境（图1-9）。

图 1-9 马德里步行商业街路面铺装

（2）沿街建筑。沿街建筑的形态、色彩、体量、连续性等是影响街道环境的重要因素。沿街建筑相当于是街道围合空间的"底景"。由沿街建筑形成的整体风貌来控制出街道环境的整体氛围。因此在街道环境中沿街建筑风貌起到了关键性的作用（图1-10）。

（3）公共设施、景观小品和街道绿化。公共设施和景观小品是体现街道活力的影响因子。如果说街道和沿街建筑是不可移动的固定"硬性装饰元素"，那么街道公共设施和景观小品就是可移动、可更换的"软性装饰元素"。街道绿化是街道景观中直接涉及的生态部分，也是体现街道环境人性化、可持续性的重要方面（图1-11）。在小城市街道环境中，运用景观生态学进行街道绿化规划和植物造景，能产生良好的景观生态效益和经济效益。除此之外，依据街道环境需要，街道水景也会作为街道景观的一部分出现。它与街道绿化一起共同组成街道环境的生态元素。街道水景往往和街道环境中的开敞的面状视觉空间结合，通过水景的营造形成点状的视觉景观，与线状的沿街景观共同营造出街道整体视觉环境。

（三）街道景观的类型和特点

城镇街道景观的类型依据街道的功能性质进行分类，可以归纳为商业型街道景观、交通型街道景观、居住型街道景观和混合型街道景观。

（1）商业型街道景观。商业型街道景观依据交通方式，又可以细分为步行商业街道景观和人车共享商业街道景观（图1-12）。其街道景观的共性都是在满足商业行为、促进经济发展的前提下，营造繁华、多元、时尚的景观空间。灯红酒绿的商业型街道往往是体验当下城镇生活的最佳场所，景观的艺术化烘托，使商业型街道从纯粹的商业行为上升到城市文化。捕捉一座城的个性气质也往往从其代表性的商业街景观开始。丽江的四方街、成都的宽窄巷等，商业型街道景观渲染的是人与市井生活的微妙关系。

图 1–10　马德里街道沿街建筑风貌

女性视角下城镇街道景观的传承与更新

图 1-11　英国城市住区街道绿化

　女性视角下城镇街道景观的传承与更新

图 1-12　商业型街道景观

（2）交通型街道景观。交通型街道景观的主要功能是满足城镇的交通需求，这里的交通多以机动车驾驶需求为主，人行需求为辅。与商业型街道景观追求营造细节和捕捉人行视线不同，交通型街道景观强调驾驶员视线的通达性和街道景观的整体性（图 1-13）。某些道路交汇处，还需要有较强识别性的节点景观来强调街道的个性。

（3）居住型街道景观。居住型街道景观的情景氛围少了喧嚣与繁华，营造的是宁静、闲适的生活场景（图 1-14）。品种多样的植物景观、人性化的休闲设施、整洁清新的街道环境、临街的住宅建筑所传递的生活气息，都使居住型街道传递出有别于商业型街道景观和交通型街道景观截然不同的气质特征，前者是安逸俊雅的"静"，后两者是喧闹洒脱的"动"。

（4）混合型街道景观。混合型街道景观（图 1-15）中，"混合"的是多种功能。有意识的"混合"可以融合街道多元的功能，激发街道的活力；无意识的"混合"则往往是前 30 年盲目造城运动的后遗症，留下的是杂

图 1-13　交通型街道景观

图 1-14　居住型街道景观

乱无序的街景。

随着城镇化建设的深入，城镇街道景观已不单单是街道中使用人群所关注的对象，而是广义城镇空间中人们了解城镇文化、感知时代气息的窗口。它承载着岁月的记忆，延续着生活的脉搏，更寄托着未来的期许。城镇街道景观是有生命力、有精神气质、有情感故事的载体，它时而热情似火，时而恬静如水；它像跳动的音符，随时准备奏响交响乐般的美妙乐章。

图 1-15　混合型街道景观

（四）城镇街道景观的特性

由于城镇化建设的快速发展，城镇单一的街道功能已不能满足新型城镇发展的需要，人们更需要居住、商业和文体功能混合的生活方式。论及广义上的城镇街道景观的特性，若与较为特殊的大城市相比，则无论是从城市空间尺度、交通网络还是建筑风貌上都不可能等同于大城市。从城市空间尺度的角度来看，大城市街道空间尺度宏大，城市轮廓线起伏而丰富，带给人紧张、快节奏和高效率的空间感受；城镇街道景观较之大城市空间尺度较小，带给人亲切、温和而平等的氛围，体现从容、闲适及对人性的尊重。从城市交通网络角度来看，大城市由于交通负荷量大，向立体化空间方向发展，使得城市街道景观常伴随着高架、轻轨林立拥杂的景象；城镇一般是二维的城市交通网络结合局部立交形式，城镇街道景观中的车行道和人行道都便利且合宜。从城市建筑风格角度来看，大城市建筑大多体现强烈的现代感和国际化倾向，沿主干道的建筑体量庞大；城镇建筑大多体现当地地域文化特征，较之大城市，沿主干道的建筑体量偏小。因此，在城镇街道景观设计营造上不能简单照搬大城市模式，应该在合理利用大城市街道景观模式的同时，立足城镇特点和地域文脉特征，进行个性化、整体性设计。

三、街道景观的演变特征

中国城镇街道景观的演变历程按历史阶段来分，可以分为 1840 年前的独立封建国家时期、1840—1949 年的半殖民地半封建国家时期、1949—1979 年的计划经济体制时期和 1979 年至今的改革开放时期四个阶段。伴随着不同历史时期的变迁，城镇街道景观呈现出不同时代特有的特征风貌。

（一）1840 年前的独立封建国家时期的城镇街道景观

1. 丰富多样的街道规划布局

中国古代封闭自守的封建制度和自给自足的农业经济特色，在城市街道规划布局上，表现为缺乏人与人交流的公共空间，街道封闭而狭小。自秦汉以后，古代地方城镇大多为郡、县或州（府）两级，分布广，地方特点明显。中国古代城镇的街道按等级分为中心街道、次级街道、坊间十字街、胡同等。相对于都城等级森严的礼制约束，城镇街道布局则依据地域的差异有所变化。北方城镇街道建设大多仍依礼制，街道布局较规整，属于人为型城镇，如格局有序的山西平遥。而南方城镇受地形地貌影响，更为自由多变，属自然型城镇，如水网丰富的浙江乌镇。浙江义乌的建城历史可追溯到公元前222年秦置乌伤县。古时义乌的规划布局是将衙署居中布置，坛庙等布置在地势重要的地方，其他建筑围绕河流布置，居民住宅则分散在街巷之间。可以看出，古代义乌的规划布局以封建等级制度为主，同时也兼顾了自然地形地貌的特征。

2. 单一局限的街道功能定位

中国古代的街道一般分为居住型街道和商业型街道。普通百姓的居住型街道大都围绕商市布局，达官贵人的宅院则会选择环境幽闭、交通便捷的地段。大多数传统商业型街道呈线状布置，沿街商铺呈前店后坊式。规模大的商业街常形成十字交叉的布局，成为市镇集市和人们活动集中的繁华场所，这里商业交易、宗教、民俗活动丰富多彩，是古代人们特有的公共活动场所。

3. 灵活多变的街道景观风貌

中国古代街道景观都避免一览无遗，形成路虽通而景不透的效果，使街道环境呈现步移景异的视觉感受。自周、秦时代，就有了沿街道两边种植行道树的传统，唐代有记载"长安大街，夹树杨槐"。古代城镇街道绿化不如都城行道树种植得大气统一，但也会考虑散点式排布，植物疏密参差，增加了街道的自然情趣和空间变化。

以上海开埠前江南水乡的传统街巷为例（图1-16），上海原是一个由渔村发展起来的沿海集镇，1843年开埠前，已有街巷百余条（图1-17）。当时的上海交通系统由河浜和街巷共同组成。河浜水道密集，大者可行船，

图 1-16　以水为街的江南水乡

女性视角下城镇街道景观的传承与更新

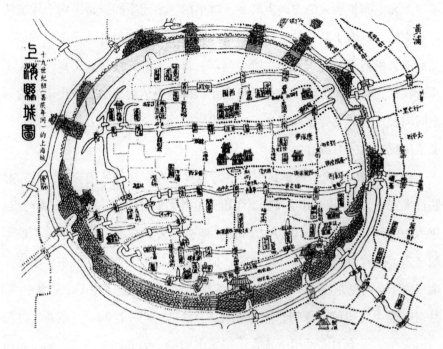

图 1-17　清嘉庆年间上海县城图

（图片来源：上海市规划和国土资源管理局，上海市交通委员会，上海市城市规划设计研究院.上海市街道设计导则［M］.上海：同济大学出版社，2016。）

小者服务于居民生活；街巷多沿河而筑，曲折狭窄，一般宽度仅 2 米左右，供人行走和通行轿子、独轮车，只有作为官员迎送必经之路的东门外大街和县衙官署所在的太平街较为宽阔。水陆交织造就众多桥梁，因桥成市也孕育出丰富的市井生活，民宅、商店沿河岸和街巷紧密布局，体现了江南水乡独特的街道景观风貌。

（二）1840—1949 年半殖民地半封建国家时期的城镇街道景观

1. 多元发展的街道空间

这一历史时期，伴随着国家体制的转化，社会经济也处于相应的过渡转型时期。体现在城镇街道建设发展上，正由传统的自给自足的内在式向城市多元空间扩展式的方向上转变。这里的"多元空间"是区别于传统的农业文明、依附于新兴的工业文明所展现出来的空间形态与功能。例如，交通工具由畜力车、人力车发展为汽车、自行车等新型交通工具，改变了原有狭窄、曲折的街道尺度；城镇商业型街道由依附于居住型街道的附属空间向独立型的主导空间发展，随之而来的城市文化空间、休憩空间，转变了传统、单一的街道功能。

19世纪50年代，马车被引入上海租界，人车混行致使交通混乱，威胁行人安全。因此从1861年起，上海租界地开始划分道路空间，铺设人行道。进入20世纪，有轨电车成为上海租界地主要公共交通工具，小汽车也不断增多。随着道路拓宽和环境改善，街道逐渐成为商业活动的主要场所，南京路（今南京东路）、静安寺路（今南京西路）、霞飞路（今淮海中路）是当时最为繁华的商业街，热闹非凡（图1-18 ~ 图1-20）。商业、办公与里弄住宅临街大多采用围合式沿街紧密布局，形成连续街道界面。街坊内部采用行列式排布的里弄住宅之间形成密集的巷弄，这些巷弄既是步行

图1-18　1936年的上海南京路

图 1-19　20 世纪 20 年代的上海霞飞路

图 1-20　20 世纪 30 年代的上海霞飞路

交通空间，也是日常公共空间，供居民交往交流、儿童玩耍，弥漫着亲切、市井的巷弄氛围。

这一时期的浙江义乌也随着社会经济的转变开始了城镇街道的建设。民国初年，县城主要街道依然是县前街、下市街和上市街。然而随着手工业和商业的发展，繁华的上市街逐渐被日渐兴盛的朱店街取代。1931 年，砖混结构的楼房建于金山岭顶。1932 年，伴随着浙赣铁路的通车，义乌开始兴建北门街至火车站的人力车道，北门街、车站路成为当时主要的出入干道。义乌城市街道格局因商业和交通的发展逐步演变发展。

2. 中西文化交织的街道景观风貌

西方列强用钢枪火炮打开了晚清的国门，西方现代化的思潮对当时国人的冲击也体现在城市街道环境中。开阔笔直的马路，带有鲜明殖民风格的沿街建筑，咖啡馆、洋行和舞厅等新兴的商业业态，完善的水电设施，整齐划一的行道树和路灯以及川流不息的汽车、自行车，这种受西方经济文化影响的街道景观成为中国近代城市街道景观的样板。

（三）1949—1979 年计划经济体制时期的城镇街道景观

这一时期，我国在城市规划建设上取得了一定的成绩，但计划经济体制也约束了城镇街道景观的发展。新中国成立初期，由于国民经济还处于恢复阶段，城镇街道还停留在战时道路窄小、曲折、视觉景象杂乱的状况。20 世纪 50 年代后，随着大力发展生产的需要，街道景观以满足功能实效为主要原则。尤其受苏联建设模式的影响，沿街建筑大多采用简单的"火柴盒式"，强调建筑功能的实用性，城镇街道景观风貌呈现较为单一的景象。到 20 世纪六七十年代，因受政治、经济条件的影响，城镇街道景观建设发展缓慢。

（四）1979 年至今改革开放时期的城镇街道景观

1. 街道空间形态日趋丰富

街道空间形态的演变与城市功能的转变有密不可分的关系。改革开放后，市场经济发展对我国城镇化建设的推动作用显著，城市功能逐步更新，街道的功能发展为观光旅游、生活休闲、商业贸易、交通枢纽等多种类型，街道空间形态也丰富与生动起来。街道空间并不仅仅由沿街建筑围合而成，在一些交叉路口，结合街区功能形成了街旁绿地、市民游园；有些则利用临近河道形成了滨水步行景观道。

改革开放后，浙江义乌的城市功能从传统的农业县转变为世界小商品集散中心，其城市空间形态也产生了质的飞越：1980—1990 年，表现为以商贸产业为支柱的点状空间形态；1990—2000 年，城市空间开始跨江发展，城市空间形态由点状向轴状延展；2000 年至今的飞速发展，义乌的老城区与新区的联系更为紧密，呈现多核面状的空间形态。以义乌主城区稠城街道为例，道路的发展遵循着"为市场建设服务"的规律，沿市场的道路被延伸、拓宽，有的成为快速路和主干道（图 1-21）。例如，宾王路和篁园路两条市场所在的道路，沿街建筑高低错落，界面形态丰富；稠州路新增的一些地标性的高层建筑，凸显了街道空间形象。

2. 街道设施和绿化品质不断提升

随着城市空间形态的不断优化，街道景观中人的地位也不断提升，主要体现在街道设施和街道绿化的逐步完善。街道设施从简单、实效的功能性原则逐渐向关注人的视觉、心理需求出发。街道植物造景也逐渐从绿化覆盖率转变为注重植物品种、色彩和层次搭配。

例如浙江杭州随着现代化城市建设步伐的加快，城市面貌发生了巨大的变化，道路的绿化植物种类不断增加，表现形式也逐步向多样化、层次化、彩色化发展（图 1-22 ~ 图 1-24）。道路绿化工作上，杭州市监督、指导各区、

图1-21 浙江省义乌市具有地标性质的街景

县（市）实施行道树现状普查，在此基础上进行补植新树、改善树池、开展新优树种试点等工作；城市重大建设项目中涉及临时借绿和迁移等工作，坚持"应保尽保"，对道路绿化的影响降到最低，高质量实施树木迁移，高标准落实绿化恢复；在方案审查和建设管理中，增强道路绿地遮阴和生态功能，尽快保证道路绿量和景观效果，并在道路、栏杆边增植藤本月季等爬藤植物，增加绿量；绿化实施道路林带的彩化美化和节点花卉布置，按照既要烘托气氛，又厉行节约的原则，适时、适地、适量地开展城市花卉布置工作。

浙江义乌因国际商贸而闻名，主要连接铁路、高速公路的道路，如义乌后宅街道的商城大道，道路绿化景观大气、植被层次丰富，体现了义乌现代城市风貌，是义乌重要的对外窗口和景观走廊。义乌佛堂镇作为浙江省首批"小城市培育"试点，在街道绿化上也大力推进"绿改彩"，提升城市形象。改变了原来朝阳路中间绿化带单一灌木丛的面貌，在绿地的基础上加入鲜花等景观植物，对双林路路段老旧残破的人行道、交通标识也进行了整治，在道路两侧、人行道上设置四季花箱。

图1-22 杭州市保俶北路街道绿化种植的乌桕树（张圣东 摄）

图 1-23　杭州市翠苑街道绿化银杏树（张圣东 摄）

女性视角下城镇街道景观的传承与更新

图 1-24　杭州市体育场路街道绿化造景安吉拉月季（张圣东 摄）

图 1-25　上海的街道与街区

　　上海从改革开放至今，街道景观也经历了从空间快速拓展到多元化、人性化回归的发展变化。20 世纪八九十年代，住宅区街坊规模扩大，内部设置街坊路和总弄；商业设施、公共设施以集中式布局为主，住区内部环境优美（图 1-25）。同时一批重点新区先后建设，虹桥开发区强调功能分区，利用大尺度退界形成的景观绿地分隔建筑与道路，大型商场代替了沿街商店；陆家嘴金融贸易区关注交通功能，建筑形态布局注重轴线、对景、天际线等形象要素；古北新区注重通过沿街建筑塑造街道空间，以黄金街道为主要公共活动轴，两侧布置沿街商业，形成活力、宜人的街道公共空间。伴随着上海城市发展速度进一步加快，新区开发和旧区改造对中心城的城市肌理和路网格局带来很大影响和改变，城市活动被转移到地块内部，使街道逐渐丧失活力。但近年来，上海徐汇滨江、虹桥、桃浦、杨浦大学城等许多地区贯彻人性化的城市设计理念，对"密、窄、弯"路网格局与围合式建筑进行尝试，延续了密路网、小街坊理念，逐渐展现出空间紧凑、功能复合的开放式街区，复兴街道生活活力。

参考文献

［1］ 袁维婧.谈"市镇"一词的由来及演变［J］.建筑与文化，2017（1）：200-201.

［2］ 刘冠生.城市、城镇、农村、乡村概念的理解与使用问题［J］.山东理工大学学报：社会科学版，2005（1）：54-57.

［3］ 晏群.小城镇概念辨析［J］.规划师，2010，26（8）：118-121.

［4］ 吴闫.我国小城镇概念的争鸣与界定［J］.小城镇建设，2014（6）：50-55.

［5］ 周一星.城市研究的第一科学问题是基本概念的正确性［J］.城市规划学刊，2006（1）：1-5.

［6］ 李强.绿色街道：理论、方法、实践［M］.北京：中国建筑工业出版社，2020：12.

［7］ 刘敦桢.中国古代建筑史［M］.北京：中国建筑工业出版社，2003.

［8］ 上海市规划和国土资源管理局，上海市交通委员会，上海市城市规划设计研究院.上海市街道设计导则［M］.上海：同济大学出版社，2016：21-45.

［9］ 芦原义信.街道的美学［M］.天津：百花文艺出版社，2006.

［10］ 张勃，骆中钊，李松梅.小城镇街道与广场设计［M］.北京：化学工业出版社，2012.

［11］ 贺爽，杨驰，陈雅君，等.文化变迁与城市街道景观的演变初探［J］.黑龙江农业科学，2009（5）：94-96.

［12］ 陈宇.城市街道景观设计文化研究［D］.南京：东南大学，2006：10.

［13］ 李磊.城市发展背景下的城市道路景观研究［D］.北京：北京林业大学，2014：74.

［14］ 田密蜜.小城镇街道景观的特色文脉延续：以佛堂镇街景更新设计为例［J］.装饰，2014（1）：137–138.

［15］ 田密蜜，陈炜，方茂青.基于传统美学思想的浙江小城市街道环境更新设计研究［J］.浙江工业大学学报：社会科学版，2015，14（4）：425–429.

［16］ Maria Brouskari .The Monuments of the Acropolis［M］.Archaeological Receipts Fund，2006.

撑着油纸伞，
独自彷徨在悠长、悠长
又寂寥的雨巷
我希望逢着一个丁香一样地
结着愁怨的姑娘

——戴望舒《雨巷》

第二章
视角：女性·感知·美学

一、女性主义、女性视角与性别差异

（一）女性主义

从农业时代、工业时代到如今的信息时代，人类社会从混沌走向文明。然而女性在政治、经济、思想、认知、观念、伦理乃至家庭等各个领域，却仍与男性处于不平等的地位。女性主义思想和理论正是基于女性处于"第二性"性别地位的前提下产生。早在 1405 年，克里斯蒂娜·德·皮桑（Christine de Pizan）在《女性之城》（*The City of Ladies*）一书中就反对女性的"天然"低劣性观点，专门讨论了女性的"天然"优越性。随后关于两性平等的话题就再未停止。1792 年，玛丽·沃斯通克拉夫特（Mary Wollstonecraft）的《为女权辩护》（*A Vindication of the Rights of Woman*）出版，她指出，虽然女性很温柔，缺乏抱负，有女气的狡黠，但是性别气质区分是人为的，不是自然的。1949 年，女性主义思想泰斗西蒙娜·德·波伏娃（Simone de Beauvoir）（图 2-1）在《第二性》（The Second Sex）中，提出了脍炙人口的名言："一个人并不是生而为女性，而是成为女性。"关于女性主义的理论千头万绪，女性主义的定义也难以统一。维基百科中解释："女性主义（Feminism）又称为女权主义，指主要以女性经验为来源的社会理论和政治运动。"尼古拉斯·布宁和余纪元主编的《西方哲学英汉对照辞典》中将女性主义解释为"一种建立在传统的男女关系是男人统治女人的关系这一信念基础上的运动"。马克思主义认为，女性解放的程度是社会解放程度的天然尺度。李银河则用通俗简练的语言解释为"归根结底就是一句话：在全人类实现男女平等"。近年来，国内学术界对女性主义等同于女权主义的说法有些许分歧，一部分人认为女性主义是"力图改变以男性为中心的文化和社会体制，从而达到改变社会性别关系、使男女都能全面发展的运动"；另一部分人则认为妇女研究倒退，失去了斗争目标和革命性作用。但无论怎样，女性主义就是寻求女性的自由与平等，让男女两性能更加积极、健康地平等对话。

图 2-1　西蒙娜·德·波伏娃　　　　图 2-2　弗吉尼亚·伍尔夫

在西方，女性主义不仅渗透到政治、经济、历史、地理等学术领域，也在建筑、视觉艺术、文学、音乐和电影等艺术领域引起关注。例如，英国作家弗吉尼亚·伍尔夫（Virginia Woolf）（图 2-2）在《一间自己的房间》（*A Room of One's Own*）中提议在父权主导的世界中给女性文学空间和人格空间。20 世纪 90 年代，美国相继出版的《性别与空间》（*Sexuality & Space*）和《建筑学与女性主义》（*Architecture and Feminism*）标志着建筑学与女性主义的跨学科研究。第二次世界大战后，女性主义对西方的城市规划和建设也带来极大的冲击。女性主义认为在城市发展长期以"男性原则"或"男性标准"影响下，女性的空间存在和需求被忽视，进而产生一系列诸如交通拥挤、环境恶化等城市问题。女性主义的城市空间研究强调从女性的角度对城市空间进行重新思考，在改善女性的生活质量和社会地位同时，提出新的看待世界和定义社会、政治、经济联系的方式。女性主义在社会学、建筑学、规划学等领域的研究已取得了一定的成果，但国内以女性视角从中微观层面对城镇街道景观的研究分析，目前才刚刚起步，研究还不够深入。伴随着中国新型城镇化建设的纵深发展，"人的城镇化"建设走向精细化，女性意识介入城镇街道景观营造，将给予城镇街道景观更加人性化、情感化塑造的可能性，也将更进一步保证不同人群尤其是包含女性在内的弱势群体，在街道空间中的安全性。

（二）女性视角

女性视角（Female Perspective）正是强调从女性的角度去观察、思考和解读某一领域的具体研究。这里谈到的"女性视角"不仅直指男女间在生理、心理等自然属性的差异，也明确由此产生的经济、行为和情趣等社会属性的差异；不仅包括生理性别上的女性所传递的行为方式和心理诉求，也涵盖社会生活中占主导地位的男性应具备的一种关注"弱势群体"的意识。本书中的"女性视角"强调从社会性别结构处于相对弱势的女性角度出发，关注女性群体在社会生活中的重要性，关怀"弱势群体"，不仅使女性在城镇环境中受到尊重，进而男女两性相互理解，更希望实现"强势群体"和"弱势群体"之间的共荣共生，从而促进城镇街道景观建设的良性发展。本书中会运用女性主义理论的相关观点，以女性感受为切入点，挖掘性别差异中的城镇街道景观和女性气质的街道景观审美，从而进一步以女性视角探讨城镇街道景观在传承和更新中的策略与方法。

（三）性别差异

女性主义理论在发展过程中主要围绕着两性同与异的问题展开讨论，无论是前期时强调两性趋同还是后期时强调两性相异，都是为了更多地寻求两性的平等。面对蓬勃发展的城镇化建设，为了让人们更舒适地融于城镇环境中，相对于熟悉两性的相同之处，更有必要了解两性的差异所在。

首先，两性的生理差异。现代科学已经证明人类脑体积和脑组织均无男女差别，但男女的大脑结构确实存在差异（图 2-3 和图 2-4）：男性左脑发达，女性右脑发达；左右脑之间的连接神经，女性比男性粗；女性认知功能分散在两个脑半球中，男性则集中在一个脑半球中。除了不易见的人类大脑内部的结构不同，最显而易见的差异是男女在身体形态上的不同。男性肌肉健硕，体态雄浑；女性骨肉均匀，线条柔美。总体来说，男女的生理差异是自然形成的，没有优劣美丑之分。李银河在《女性主义》中提到"男性气质"和"女性气质"（表 2-1），是人们对男女特质作出的区分和概括。这种分类也是进一步说明了两性展现的外在差异，但并不意味着所有男性一定拥有男性气质，某些男性也可能拥有女性气质。而介于男性气质和女性气质之间，当前又出现"中性气质"之说，混合了男性阳刚与女性阴柔，意味着模糊两性间的气质差异。

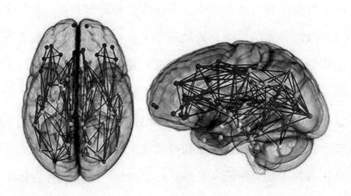

图 2-3　男性大脑，前后联结偏多，更擅长判断和协调动作

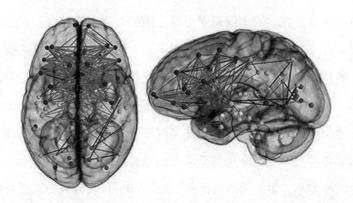

图 2-4　女性大脑，左右联结偏多，更擅长社交和记忆

表 2-1　男性气质和女性气质

男性气质 / 主体	女性气质 / 客体
认知主体 / 自我 / 独立性 / 主动性	认知主体 / 他者 / 依赖性 / 被动性
主体性 / 理性 / 事实 / 逻辑 / 阳刚	客体性 / 情感 / 价值 / 非逻辑 / 阴柔
秩序 / 确定性 / 可预见性 / 控制性	无序 / 模糊性 / 不可预见性 / 服从性
精神 / 抽象 / 突变性 / 自由 / 智力	肉体 / 具体 / 连续性 / 必然 / 体力
文化 / 文明 / 掠夺性 / 生产 / 公共性	自然 / 原始 / 被掠夺性 / 生殖 / 私人性

表格来源：李银河.女性主义［M］.上海：上海文化出版社，2018。

其次，两性的心理差异。如果说两性生理的差异是由自身客观现实状态决定的，那么两性心理的差异则更多是与社会制度和文化有关。以中国为例，原始社会早期自然分工中，男性捕猎和防御野兽，女性采集果实、制作衣食和维持种族的繁衍。捕猎未必定有收获，但采食制衣促进了原始农业和纺织的发展，人类繁衍生息更带来种族的希望。因而母系社会中女性当家做主，存在普遍的女性崇拜，女性心理优越感自然高于男性。生活在我国云南和四川交界处的摩梭人至今仍保留着母系社会中的走婚习俗。而进入农业社会后，男性在农业和畜牧业上显现优势，获得大量生产资料的男性迅速占领了社会的最高等级。在"夫权"主导的社会体制下，从社会制度到文化宣传，都将男女两性的心理差异等级化。中国浙江金华地区一带的传统民居中，木质结构的横梁格外肥硕且端头浑圆，并刻有装饰纹样以烘托其重要性。这不仅是对男性生殖的崇拜，更体现了在家庭中男性的地位。在"男尊女卑"观念的影响下，女性面临着"三从四德""三纲五常"的约束，温顺和柔弱是这一时期女性的形象，其心理特征是卑微和怯懦的。男性正好与之相反，是高歌猛进中的意气风发。新中国成立后，女性的地位得到尊重和重视，尤其是改革开放后，随着西方女性主义思想的传入和中国女性在社会经济生活中的地位的不断提升，男女在心理地位上的差距在缩小，但差异依然存在。2020年，以女性视角和题材的国内影视作品和综艺节目（如《三十而已》《乘风破浪的姐姐》）在网络媒体上受到追捧和热议，引起社会各界广泛关注。从社会正面影响来看，中国已更多地关注了女性在社会生活中的生理、心理需求，倡导独立、乐观、向上的新时代女性形象。但也从另一侧面反映出，当前中国女性在心理上依然处于盲从、缺乏自信的迷茫阶段，所以更需要外部环境的合理引导，建构良性、和谐的社会关系体系。

最后，两性的认知差异。李银河在《女性主义》一书中谈到："两性大脑的区别很细微，而且人类各个器官的可塑性很强。总的来说，两性的认知能力只有细微的差别。"这样细微的差异体现在男性控制线性的逻辑思维，处理连续、有顺序的信息，长于抽象性、分析性的思维；女性长于想象、艺术活动，整体性、直觉性的思维，视觉与空间能力。女性的五种感觉（视觉、听觉、嗅觉、味觉、触觉）都比男性敏感。以对城市空间规划的认知和需求为例，男性和女性的区别也是明显的，其差异体现在以下几个方面：在功能分区上，男性希望城市空间中工作区和居住区分离，从而达到远离工作、获得休息和精神享受的目的；女性因为承担着生育、照料孩子和家务劳动等社会分工和社会责任，更希望以混合功能区为基本单元的模糊的空间结构形式。在城郊居住选择上，城市扩张带来内城与郊区的二元空间结构，郊区化所描绘的舒适和休闲的生活图景是男性心目中对家庭的构想；然而郊区严重缺乏公共设施，在教育、医疗等方面给女性的生活带来极大不便，女性在空间规划上更希望是以质的提升而不是量的扩大为目的的空间增长方式。在交通使用上，城市交通发展中公共交通发展相对滞后，这对于出行方式主要是满足工作、经济收入和驾驶技术都处于优势的男性来说不是问题；但对女性在一次出行中需要完成购物、接孩子、处理家庭对外事务等多项活动来说，则更希望城市空间是以居民的生活行为而非技术行为为线索的空间联系网络。在社区服务管理上，男性认为封闭式物业管理可以保护社区的安全，抵制不良因素对社区生活的干扰；女性认为这只是做到了服务管理的一个方面的工作，还应该配合保安、保洁、家政服务以及对公共空间的要求，如绿地、健身与游乐设施、幼儿看护场所等，建立以具有不同差异性特征的社会个体或群体为主体的空间服务系统。在人际交往需求上，男性认为人际交流活动一般在固定场所发生，但女性却认为人际交流不一定要在特定的固定的空间场所，例如居住环境的街巷空间内都可以来互通信息、促进交往，甚至可以互相帮助照看婴儿或做家务，实现以空间交流推动社会交流的空间发展目标。

二、女性与街道

　　前文谈及的性别差异并不是要割裂两性的相互联系，强调、夸大一方，孤立、贬低另一方，而是期望通过比较、分析两性的异同，肯定两性差异存在的必然性，从而推动基于两性差异的城镇街道空间的和谐发展。街道是城镇空间的缩影，街道也是孕育城镇生活的载体。如果说垂直高耸的摩天大楼是城镇形象中阳刚、坚毅、外露的男性气质反映，那么平直幽深的街道则是其阴柔、坚韧、含蓄的女性气质代表。女性与街道犹如水与舟，云与月，相互推动又互为承载。女性群体是街道空间活动中不可或缺的重要人群，无论是从街道景观服务对象层面，还是从人群体验街道景观层面，研究女性与街道的相互关系，都是探究城镇街道景观的过去、现在与未来的重要途径。

（一）女性与街道关系的演变

　　街道，是伴随着城镇的形成而出现的。人类城镇最初的雏形，可以追溯到远古新石器时期的村庄聚落。刘易斯·芒福德（Lewis Mumford）在《城市发展史：起源、演变和前景》（ *The City in History: A Powerfully Incisive and Influential Look at the Development of the Urban Form through the Ages* ）中指出："从新出现的村庄聚落中心，到房舍的地墓，以至于墓穴中，到处都留下了'母亲和家园'的印记。"女人构筑育儿的巢穴，管理农作物，制造器皿，为人类的繁衍、进化和防卫提供了重要条件。精神分析法揭示，原始村庄各种不同的构造形式——房舍、炉灶、畜棚、箱匣、水槽、地窖、谷仓等，都是女人特有的庇护、容受、包含、养育功能的体现。这些又延伸到城市，形成了城墙、壕堑。可以说，女性在早期的人类聚居环境中占有非常重要的中心地位，是远古人居环境的创造者。

　　无论是罗马和中世纪的欧洲，还是同一时期的中国和埃及，女性都生活在"男尊女卑"性别属性的阴影下。女性被排斥在城市公共空间和公共活动外，不仅不应该独自出现在街道等公共场合，即便在住宅中的活动空间也受到歧视性的限制。其实整个古代社会的街道空间，无论中西，都是由男性主宰的。中国古代社会以"辨内外"为基本准则，将女性禁锢在闺房、中门以内的院落（图 2-5）。即便在欧洲中世纪的广场、街道上，基督教会的禁欲主义信条也制约着女性涉足城市公共空间。而有趣的是，在中西方古代城市中唯一可以自由出入街巷等公共空间的是妓女。这一作为"男性消费品"的特殊社会群体，能自如地出入大街小巷，也正好折射出男性在古代社会中的至高地位。女性消失于古代城市的公共空间，成为古代城镇街道的遗弃者。

图 2-5　浙江义乌民居中高高的马头墙，是"辨内外"的体现

　　即使璀璨夺目的欧洲文艺复兴时期，女性被禁锢的社会角色也没有随着人文艺术的复兴而得以解放，但确有一些受到良好教育的女性开始思考女性的地位，发出呼唤平等的微弱声音。意大利女作家克里斯蒂娜·德·皮桑（Christine de Pizan）在《女性之城》（*The City of Ladies*）一书中，象征性建构一座完全由女性来管理的女性之城，城中没有男性，女性成为城市生活的主导，女性传统的婚姻与生育角色和社会等级被废除。无独有偶，处于与欧洲文艺复兴同一时期的中国明朝，作家吴承恩在《西游记》中也描写了这样一个人间稀有的"女儿国"。"女儿国"中从国王到庶民都是女人，没有男人，女人们靠喝子母河水繁衍后代。对

于女性获取社会生活的自由向往，中西方不谋而合。18世纪初的法国把源于文艺复兴的巴洛克风格发展为洛可可风格，这种充分展现纤细、轻巧、华丽、繁缛的女性化曲线的设计风格，得益于当时上层社会女性和资产阶级女性的推动。代表人物蓬帕杜夫人还参与设计了巴黎协和广场和凡尔赛宫的小特里阿农宫，女性成为欧洲这一时期城镇街道的探索者。

从19世纪末到20世纪初，城镇包括街道在内的公共空间开始由男性支配的领地转变为男性与女性的共享空间。在中国，近代中国城市的发展出现了新兴城市公共空间，随着晚清女子社会化教育的兴起，尤其是梁启超等维新派所倡导的改良女性论，吸引了越来越多的女性大胆进入公共空间。被誉为可与巴黎香榭丽舍大街、纽约第五大道媲美的上海霞飞路（今淮海中路），曾是旧上海最风情万种的一条街，商铺剧院林立，政商名流、名媛贵妇穿梭其中。在美国，妇女开始进入餐厅、咖啡馆等公共场所，而不再担心被认为是行为不端的妓女。在英国，伦敦的女性可以独自在街道漫游、闲逛，或者独自外出观光消费，而不需要长者或者男士的陪同。虽然不同国家对女性地位的态度转变程度不同，虽然性别歧视在城市公共空间中并未消除，但女性已逐渐成为近代城镇街道的参与者（图2-6）。

当代城镇街道五光十色，女性与城镇街道的空间隔阂已经打破，女性与男性一样享受着城市的公共空间。但现代的城镇却依然在基于男性视角的规划指导下建设：从建筑比例到城市功能分区，从街道安全需要到环境伦理需求，从对技术的狂热追求到对传

图2-6 奥古斯特·雷诺阿《煎饼磨房的舞会》

统文化的冷漠。女性依然是被置于城镇公共空间中被漠视的群体，男性标准、男性气概仍是城市规划、建筑设计和景观设计所采用的依据。被誉为20世纪最伟大的女性设计大师的艾琳·格蕾（Eileen Gray）曾从女性细微的感受、对隐私的尊重和男女价值观的差异去批判男性建筑师对现代理性的着迷。著名城市学者简·雅各布斯（Jane Jacobs）在《美国大城市的死与生》（*The Death and Life of Great American Cities*）一书中摒弃现代主义规划设计者居高临下俯视城市的角度，以普通家庭妇女般细腻与关怀的眼光，关注街头真实的日常生活，呼吁全面复兴和建构城市的深层肌理及活力。女性应当大胆探讨女性群体在城镇街道空间中的感受和权利，不做街道空间的"边缘人"，而是做当代城镇街道的倡导者。

（二）女性在街道环境中的生理与心理特征

街道是城镇公共空间的重要组成部分。街道的空间环境从功能和使用人群上来说是公共开放型的，不限定功能和人群；从空间形态上来说是半围合型空间，沿街建筑立面形成竖向界面，车行道路和人行道路形成水平界面。这样的空间氛围和形态，给女性带来不同于男性的生理及心理感受。

行人在街道环境中，视觉主要停留在沿街建筑一层楼的高度。女性在色彩感知方面比男性敏感，也就是俗话说的女性色彩感觉比男性好。据英国著名的综合性报刊《卫报》报道，美国马里兰大学的科学家们通过研究发现：很多女性在识别色彩的比差和层次来说都超过男性，女性在识别红色的颜色比差方面的能力尤其高于男性。因而女性相对于男性，更容易被沿街建筑底商中五颜六色的商品吸引，建筑底商外立面的色彩也往往更能引起女性的注意。美国神经心理学家米尔·列维通过研究发现，男女两性大脑活动方式不同，女性以左半球为主，男性以右半球为主。人的大脑左半球在判别语言和非语言的声音刺激、视觉、触觉上优于右半球，因而女性在听觉、触觉和嗅觉的感知上比男性敏感。街道中轰鸣的汽车引擎会让女性情绪更焦躁，秋风卷落叶的萧瑟声则使女性更感受到闲静氛围；光洁的大理石石凳会让女性更能体会柔和与舒适，粗糙的砂岩铺装则使女性更容易产生受挫的消极情绪。而在空间认知领域，女性却比男性要迟钝，不如男性表现优秀。挪威研究者曾通过3D眼镜虚拟现实环境的实验比较男女在空间认知上的差异，结果发现男性在完成寻找方向实验的成功率比女性高50%。研究者介绍，因为男性在空间认知中大脑内层的海马区比女性活跃，男性倾向于用几何方式辨别方向，不依赖于起点，通过辨识东西南北的大方向来定位；而女性在空间认知中则是大脑外层右前部额区最为活跃，女性善于将周围景观记录下来，依靠具体标志物来定向。由此不难理解，无论是行车驾驶还是街道步行，女性往往很难利用标有"东""西""南""北"的路牌去辨别方向，但却更容易通过具有标志性特点的街道景观去寻找方向（图2-7）。

图2-7 女性更容易对街道中的有特点的景观产生记忆

在面对公共空间时，女性情绪更为敏感，较之男性更易表现出胆怯、恐惧和不安的心理。秦红玲在《她建筑：女性视角下的建筑文化》一书中提到了女性的"身体焦虑"，认为在公共空间中，女性比男性有更多地被凝视的焦虑和身体安全的焦虑。被凝视的焦虑反映出女性在公共空间中的被动性，女性处于公共空间"被看"的格局中，这种失衡的格局促使女性在公共空间中不由地不安和焦虑。身体安全的焦虑则是反映女性对自身在公共空间中的安全顾虑和暴力犯罪的害怕。尤其是夜幕降临时，僻静的街巷、昏暗的街灯，对女性而言是充满危险和威胁的环境。相反，在公共空间中，和谐的尺度感、恰当的隐私性和柔性的植物搭配，会降低女性对外部环境不安的情绪。这也是一些成功的商业街吸引人流的策略之一，除去商业街本身的品牌运营策略外，对环境中的购物主体——女性群体的分析与设计，使她们在街道环境中体会到被尊重、被关爱的服务细节，是提升商业街品质的重要手段（图2-8）。

街道环境作为城市空间中的微观层面，面对的人群依然是整个社会群体。女性作为社会群体的重要组成部分，不应该被忽视和被"去性别化"。从城市空间品质的整体性上，更需要从人性化角度审视女性在街道环境中的需求，从而实现街道环境为人服务的宗旨。

图 2-8　商业街中，女性永远是主要群体

（三）女性在街道环境中的行为特征

人的行为具有适应性、多样性、多变性、可控制性、可训练性、动态性和发展性等特征，人的行为是生理、心理与社会性的有机组织表现（图2-9）。研究女性在街道环境中的行为特征，将有助于理解人与空间的相互关系，从而有利于优化街道环境的功能组织和场景营造。

聚块行为　　　　　　　　随意行为　　　　　　　　规则行为

图2-9　人的空间行为示意图

（1）依赖性行为。女性由于心理上缺乏安全感，在街道环境中更倾向于集体活动或结伴而行，所以中国大城小镇的街角小广场上常会有喜爱成群组队跳舞、舞剑、唱歌的女性。女性的人际交往更多的是需要情感的倾诉与沟通，喜欢通过人与人的交谈来拉近彼此的距离，所以居住区街角的小广场上，除了广场舞的表演活动，也会看到三三两两带着孩子的女性聚在一处聊天（图2-10）。

图2-10　依赖性行为

她们或是孩子的母亲、祖母，或是保姆，通过宣泄情感与烦恼，寻找某种团体的依赖感。相对于男性以自我为中心的独立行为，女性在街道环境中更愿意以群体活动方式置身其中。除居住型街道上的有组织的集体活动外，在商业型街道尤其是商业步行街环境中，大多数女性更乐意结伴而行。

（2）领域性行为。美国文化人类学家爱德华·霍尔（Edward Hall）曾提出过人与人之间有四种空间距离：公众距离（public distance）、社交距离（social distance）、个人距离（personal distance）和亲密距离（intimate distance）。人与人之间保持一定的空间间隔，是为了保证个人空间领域不受侵犯。通过调研发现，女性在街道环境中的个人领域空间小于男性，在商业型街道中的休息区域表现得十分明显（图2-11）。陌生人之间总是选择座椅的两端入座，尽可能保持一

图2-11　领域性行为

定距离，没有此类座位时才会去填补陌生人中空出的位置；同时，陌生女性之间的距离比陌生男女间的距离小。

（3）人看人行为。从女性心理角度，在"看"与"被看"间似乎存在着一种矛盾：女性既羞于"被看"，会在公共空间中因被凝视而产生局促不安的情绪；但同时女性又乐于"看"，应该说这是人的一种天性。女性除了乐于观看他人的活动，还对他人的外貌、衣着、打扮甚至同行伙伴进行打量、评价，观看他人是女性与他人交流信息、实时互动的重要途径（图2-12）。调查结果显示，女性使用交往空间的偏好程度会更倾向于半开敞

空间。半开敞空间即指在开敞空间的基础上，空间的局部区域由景观小品或植物等要素围合，形成部分围合封闭、部分开敞通透的空间形式。这样的空间视线范围被限定，局部封闭区域留给女性私密空间环境，避免被无遮挡凝视。而局部开敞空间视线通透，满足女性欣赏某一固定方向情况的行为需求。

图 2-12 人看人行为

　|　女性视角下城镇街道景观的传承与更新

三、街道景观美学

（一）景观美学

景观美学是从总体出发研究景观的审美问题，既研究观赏客体的审美特征，又研究观赏主体的审美心理，进而研究二者对立统一所构成的景观审美意境，同时研究景观开发、保护、利用、管理的美学原则。景观美学围绕景观审美的基本问题，把直观的、感性的、实践的审美经验上升和发展到审美理论的高度，构成科学的审美理论体系，同时又运用审美理论指导景观审美实践。

虽然在审美对象、审美意义和感知体验上，景观美学与景观设计有着密切联系，但两者之间存在着一些区别。首先，两者的研究途径不一样。景观美学是一种哲学，思考的是人与自然、主体与客体之间的基本关系问题，景观美学围绕人类"真、善、美"的三大核心价值，展开景观审美价值观念或审美意识的研究，是一种形而上的研究；景观设计是一种创造性的实践活动，侧重景观创造的艺术规律和设计技巧，是对创造适宜于人生存需要和精神需要的外部空间环境的诸多技能、技巧、途径和方法的研究，是一种形而下的研究。其次，两者的指导作用不一样。环境美学家约·瑟帕玛（Yrjo Sepanmaa）说美学有三个研究传统：美的哲学、艺术的哲学、批评的哲学。景观美学较多归属于艺术的哲学，可以看成是景观设计在理论上的理性升华，对景观设计实践有一定的指导意义；景观设计侧重于设计实践中具体问题的方法论，是景观美学指导下的实践活动。

我国幅员辽阔，东西南北因地理环境、气候条件因素影响，以及历史文化的打磨沉淀，形成形态多样、特色鲜明、文化深厚的街道景观、街景审美心理和街景审美意境。老北京的胡同街景、江南水乡的临水街巷、重庆山城的老街步道、丽江古城的特色街巷，或古朴，或灵秀，或神秘，或奇趣，天南地北，风姿各异。于细微处体现"高淡中见蕴藉，细腻中见性灵"，正是王安石《杭州呈胜之》中"彩舫笙箫吹落日，画楼灯烛映残霞"诗意画境里所折射出的注重情趣和意境追求的景观审美心理。因而，象圆意广也是街景审美意境的一个根本性特征：既要反复细察景观客体形态，更要寻觅心灵一方属地；既要领略造化潜旨，又要洞悉心源灵犀；既要触景生情、出神入化，又要自抒胸臆，得意忘象。总之，探究景外之景、情外之情、象外之象、意外之意，直到辨赏出人生的奥秘，呈现情景交融、意味无穷的哲理、情伦、审美三位一体的境界。

（二）中国传统街道景观美学

1. 中国传统街道景观风貌

（1）传统居住型街道景观风貌

① 传统居住型街道曲直、宽窄因地制宜。无论是在地形复杂的山区，还是在平原地区的村落，一些主要街道常顺应地势采用曲折变化，或者采取丁字交接，使街景步步展开，形成路虽通而景不透的效果，避免一眼望穿，使街道的宁静气氛大为增强，街景自然多变。局部地段的宽窄变化则使得长街的空间景观富有变化而显得丰富生动。小块墙角边地也为居民停留、交往提供了合适的空间。小巷的尽端多为"死胡同"。这类通向局部宅院的人行小巷，有的不足2米宽，仅能通行一般的架子车，但它具有明确的内向性和居住气氛。它们与主要街道形成树枝状路网结构，避免了公共交通穿行，保持了居住地段的安宁。

② 传统居住型街道建筑临街面富有变化。中国通常三合院及四合院式的宅院布局，使住房有的纵墙顺街，有的山墙朝外，因而有长短、直斜、高低错落等变化，加上临街墙面的"实"与各户入口的"虚"，交替出现，多样处理，使街景既简朴又丰富（图2-13）。

③ 传统居住型街道尺度亲切怡人。传统聚落街道宽与房高比多小于

图 2-13　浙江传统居住型街道

1：1。在一些小巷，房高通常比巷宽大，但由于巷道短，加上两边临巷建筑墙面的变化与院内绿化的穿插等，在观感上使人并不感到压抑。山区聚落的巷道结合自然地形的高低曲折变化和山石的铺砌，使建筑、道路、山坡等浑然一体，更增添自然情趣。

④ 传统居住型街道绿化有疏有密。传统街道绿化不像现代城市街道绿化那样整齐统一，而是散点式排布，增加了街道的自然情趣和空间变化，建筑的山墙面因为不规则树影而显得丰富生动、不单调。

（2）传统商业型街道景观风貌

① 中国传统的商业型街道多呈线状分布。多数传统商业型街道多沿街一侧或两侧呈线状布置。规模大的商业街常形成十字交叉的布局，有的还有一定规模的广场，成为市镇集市和人们活动集中的繁华场所。

② 传统的商业型街道立面丰富。商业街的店铺建筑大多为 1 ~ 2 层，虽然是连排布置的，但往往在统一中求变化，如利用开间的大小、建筑外立面的细部、高低变化加以区分。店铺底层一般敞开，货摊临街展示，商品、招牌、棚架五光十色，增添了繁华的气氛（图 2-14）。店铺建筑有的做成挑檐的，还有的利用二层挑出，这样不但可以扩大使用空间，还可起到遮阳、防雨的作用，同时丰富了街景的变化（图 2-15）。至于建筑在局部地段的错落、进退，则既有缓解人流拥塞的作用，又使街道不显得单调。

2. 中国传统美学思想与传统街道景观的关系

中国传统美学思想集中反映了人与社会、人与自然的和谐统一关系。这种人与物质环境的共生关系，也体现在人们生活的街道环境中。

中国传统美学思想是传统街道环境营造的精神内涵。孔子曰："礼之用，和为贵。"儒家思想讲究以"和"为美。所谓"和"就是要具有整体意识，不能过分强调某一因素而导致"失和"；同时也要体现丰富、多样的美的层次。中国传统街道环境给人们的印象往往是由传统建筑围合出的巷弄空间，从巷弄的青石板路到沿街的传统建筑都浑然一体，无论是色彩还是材质，都与当地的人文风俗有着千丝万缕的联系（图 2-16）。传统街道多是

图 2-14　浙江传统商业型街道

图 2-15　杭州南宋御街背街小巷（吴静月　绘）

图 2-16　杭州拱宸桥历史街区

因地布局，因时造景，这些都是人们在传统美学思想影响下对环境的认知反映，也自然造就出当前丰富多样的传统街道风貌。

传统街道景观是中国传统美学思想的客观表现。例如，宋元时期诗歌美学注重对审美意象本身的分析，强调"情在景中，景在情中"。南宋著名诗人陆游在《临安春雨初霁》中写道："小楼一夜听春雨，深巷明朝卖杏花。"一方面生动地描绘出当时市井巷里的生活情趣，同时也展现出了当时独具特色的街道布局。从流传至今最早的杭州地图——南宋咸淳《临安志》中留存下来的《皇城图》《京城图》中，可以看到，虽然南宋时期的临安没有形成严谨的中轴对称的都城布局，但依然遵循着一定的美学规则。例如：街坊制布局方式以街道河道为网格，分设九厢八十余坊；坊留有与外界通行的出入口，坊内还有十字交叉的大路以及通往宅舍的小路；街道巷弄井然有序，层次分明。这种层级清晰、折中适度的布局，恰巧体现了传统美学里的"中和"之美。

3. 中国传统街道景观的美学特征

（1）"虚实相生"的审美意境。中国传统文化讲究"意境"，虚实相生构成了独特的意境，虚境通过实境来表现意境，实境通过虚境来凸显底蕴。正如中国画中的留白艺术，形成了"气韵生动"的空间效应；也如中国书法中的"计白当黑"，使得字里行间疏密有致，相映生趣。街道与建筑的关系也如传统美学中的"虚"与"实"的关系，互为"背景"与"图形"，相互反转映衬（图2-17）。当街道两侧连续排列的建筑形成连续的轮廓时，街道就显现出轮廓清晰的"图形"性格，沿街建筑立面成为展现

图2-17　浙江义乌佛堂古镇江东路段建筑与街道的图底关系

街道整体"图形"的重要的"背景";当建筑物以主体对象或孤立形式展现时,建筑自然成了"图形"主体,街道则成了联系建筑空间的"背景"空间。街道和建筑之间的界限已不再分明,而是有机、巧妙的融合为一体,共同构成了城市丰富的视觉景象之美。

（2）"宽高相比"的尺度原则。"宽高相比"指的就是街道的宽与沿街建筑的高之比。中国传统聚落街道宽与沿街建筑高的比值多小于1∶1,这拉近了人与建筑的尺度关系,显得街道环境亲切怡人（图2-18）。例如,浙北水乡乌镇,河道是村落的主要对外交通,但临河建筑旁必定有条小巷。而浙西南山区聚落的巷道则结合自然地形的高低曲折和山石的铺砌,在建筑、道路、坡地中形成了另一种起伏变化的空间体验。

（3）"生态多样"的植物造景。中国传统街道绿化不像现代城市街道绿化那样整齐统一,而是散点式排

图2-18 浙南的老街

布,绿化有疏有密,增加了街道的自然情趣和空间变化（图2-19）,建筑的山墙面因为不规则树影而显得丰富生动不单调。在视觉上,街道绿化可以带来安逸和静谧的气氛,植物形成的遮阳避阴的作用,使人置身街道中,有身处保护伞中般的安全感。在色彩上,街道绿化不仅仅是单纯的以绿树为点缀,还会随着季节的变化,植物显现不同的季相,丰富街道的色彩表情（图2-20和图2-21）。例如,春天桃花盛开、樱树落樱,给嫩绿的街景增添着暖色的呼应;而秋季的银杏树、枫树则在落叶的季节独领风骚,

图 2-19　粉墙黛瓦

图 2-20 传统街巷中的植物点缀之美

图 2-21 杭州南宋御街街景一角（严丹青 绘）

给萧瑟的街景带来了生机。

（4）"特征鲜明"的建筑色彩。街道建筑的色彩是从当地的自然环境中产生出来的，它和地方风俗也有一定的关系。在中国，提到传统街道，人们自然而然会想到体现传统砖木建筑特色的老街。因为各地风土人情的不同，老街的色彩也不同。浙北水乡西塘，粉墙黛瓦；浙中义乌古村，木雕兴盛，受徽派建筑影响，白墙黑瓦、马头墙林立；浙南丽水老街则青砖墙、花墙裙、木花窗，色彩体现出当地浓郁的民族特色。

（5）"灵动含蓄"的空间布局。中国传统的居住型街道总有一种简朴、宁静、亲切、自然的气氛。街道曲直、宽窄因地制宜。无论是在浙西南地形复杂的山区，还是在浙中北平原地区的村落，一些主要街道要么顺应地势做曲折变化，要么采取丁字交接，避免街景一览无遗，形成路虽通而景不透的效果，使街道环境呈现曲径通幽的宁静气氛。局部地段的街道宽窄变化则使长街的空间景观不再沉闷。传统街道一般没有大体量的广场，但临街小块墙角边地可为居民停留、交往提供合适的空间（图2-22）。再加上临街建筑因各自院落围合的差异，有的纵墙顺街，有的山墙朝外，使得临街墙面的"实"与各户入口的"虚"交替出现，街景空间更显灵活生动。

（三）城镇街道景观中的女性美

女性美，一个诱人而又难解的审美谜团。面对它，千百年来，隔岸的西半球，维纳斯半掩肤体，沧海桑田，欲说还羞；雅典娜全身披挂，慧眼识真，欲言又止；蒙娜丽莎薄纱披肩，凝眸远眺，神秘不语……

屹立世界东方的华夏民族早已在诗词歌赋中诠释着对女性美的称颂。《诗经·卫风·硕人》曰："手如柔荑，肤如凝脂，领如蝤蛴，齿如瓠犀，

女性视角下城镇街道景观的传承与更新

图 2-22　灵动的传统街道景观

螓首蛾眉。巧笑倩兮，美目盼兮。"这是中国古代文学中最早刻画女性容貌美、情态美的优美篇章，写庄姜之美，柔软的纤手，鲜洁的肤色，修美的脖颈，匀整洁白的牙齿，直到丰满的额角和修宛的眉毛，真是毫发无缺憾的人间尤物。《汉书·孝武李夫人传》记载："北方有佳人，绝世而独立。一顾倾人城，再顾倾人国。宁不知倾城与倾国，佳人难再得。"这时期对女性美的表达，已从比物连类的具象描写转向写意、想象的抽象描写。刘禹锡《春词》："新妆宜面下朱楼，深锁春光一院愁。行到中庭数花朵，蜻蜓飞上玉搔头。"更是达到了对女性美的高度概括和高度抽象阶段。通过对柳绿花红、蜻蜓做伴来衬托宫女人面桃花的明艳姿容，风韵多姿、妩媚动人的美人形象，诗词层层展开，委婉动人。中国古代文学中以"沉鱼""落雁""闭月""羞花"指代西施、王昭君、貂蝉、杨玉环四大美人，极致精炼地赋予了审美对象以最大的想象空间，使中国古典女性美形象达到了高度发达的抽象审美模式。

　　浅层地看，女性美学是落脚于外在的感官审美。它不止于对个人本身的五官、身材、打扮的视觉审美，也包括了日常餐饮味觉、嗅觉与视觉相融合的审美，还包括了家居环境触觉、听觉、视觉相融合的审美。因此，恰如美学研究的范畴是人与环境之间的审美关系，女性美学的建立依然也是以人为本，提升个人与环境之间的品质优化。中层地看，女性美学是落脚于主观的心理感知。如果说，浅层的女性美学服务的是外在客观的物质环境优化，那么，中层的女性美学服务的则是内在主观的精神世界建立。深层地看，女性美学则是落脚于当下的社会议题。深层的女性美学，不只是女性作为个体的外在评价或内在认知，而是女性作为群体，对于社会生活满意度的一种关系评价，对于女性幸福感、获得感、安全感的一个评价指标，这是契合了当前社会的主流价值与主流观念的。美学研究的是人与世界的关系，女性美学关照的是女性与社会的关系，以女性视角来展现女性精神、情感、观念等，表达女性对生活、对人生、对社会的独具女性特性的看法和感受。女性美学虽然是基于女性的特性，但不应仅限于女性自身及对男性为中心的传统美学的批判，还应从人类社会宏大层面来发出女性的声音，建构独具女性特色的美学，从而实现人类社会多样、均衡的发展。这样为人类社会带来的也许不仅是美本身，还可能带来更加强大的女性价值和女性财富。

城镇街道景观伴随着时空历史的演变和地域文化的发展，呈现出不同的风情。街道景观物质空间风貌是人类社会精神文化、价值观念的一面镜子，探讨街景的女性美，不是片面强调不同的城镇街景都具备某种共同的审美特性，而是在正视街景风貌具有不同审美特性的基础上，去探讨其中与女性美默契相关的一些共性。这些共性或是深层次女性美学的显性表达，或是自然造物中的创意之作。

1. 尺度美

中国古代把可以并排通过两辆马车的道路称为"道"；可以通过一辆马车的道路称为"路"；有商业、商铺、作坊的道路称为"街"；可以骑马通过、挑担子通过、两人并排通过的道路称为"迳"；可以单人通过的、挑担子不能通过的道路称为"蹊"。中国古代不同路幅分类与交通功能有关，同时也形成不同尺度关系的巷弄空间形态。芦原义信在《街道的美学》中提出了宽（D）与高（H）之比的理论。他认为，街道的宽度与沿街建筑的宽度之间的数值之比存在着一定的规律，也体现着不同的空间尺度之美。若设置街道的宽度为 D，建筑外墙的高度为 H，那么当 $D/H > 1$ 时，随着比值的增大会逐渐产生远离之感，超过 2 时则产生宽阔之感；当 $D/H < 1$ 时，随着比值的减小会产生接近之感；当 $D/H=1$ 时，高度与宽度之间存在着一种匀称之美。书中以意大利中世纪城市街道、文艺复兴时期城市街道和巴洛克时期城市街道为例，列举了三种不同比例关系下紧凑、舒适、开阔的街道空间尺度感。

老北京的胡同景观就符合这种舒适、亲切的尺度美。北京胡同整体呈现为一种狭长的空间形态，介于两条城市道路之间的胡同，在东西长度上必然大体相等，在宽度上也基本接近。胡同两边基本为形式相似、体量相近的单层四合院建筑，紧密排列的高度为 4 米左右的住宅墙体组成了胡同的立面，各四合院的入口间列其间。由于建筑物围合紧密，胡同的空间一般呈现较强的"图"形感。如果以 3 ~ 7 米的胡同宽度计算，胡同空间的 D/H 值介于 1 ~ 2 之间，符合街道景观美学的要求，于宽窄合宜的尺度中透露出闲适、宁静的空间氛围。这种尺度映衬出胡同的精巧美。

如果说亲切、合宜的老北京胡同景观犹如矜持乖顺的小家碧玉，那位于北京东城区紫禁城东边的一条南北走向的长街——王府井大街，其街景则犹如端庄大气的大家闺秀，是另一种尺度美。王府井大街南起东长安街，北至东四西大街，全长 1800 米，是北京最著名的商业街。清朝时的王府井大街比与之垂直的东长安街稍窄，宽约 35 米，沿街建筑以小型四合院为主，也有一些规模稍大的王府建筑。推算当时的王府井大街的空间尺度，D/H 值约为 8.75，是一条空间围合感很弱的街道。后来，王府井大街逐渐发展成为商业街，街边建筑逐渐向两层发展，建筑高度为 8 ~ 9 米。到了民国时期，王府井大街的沿街建筑多为 3 ~ 4 层，D/H 值逐渐减小，尺度感日趋舒适。这种尺度体现皇城大街的大气美（图 2-23 和图 2-24）。

图 2-23　20 世纪 30 年代的北京王府井大街　　图 2-24　20 世纪 30 年代的北京西直门内大街

2. 色彩美

人们用身体去丈量街道的尺度，感受空间变化下的街道氛围；用视觉去记忆街道的面貌，体会色彩斑斓中的街道特色。中国传统街道受封建礼制对建筑形制和装饰在律法上的限定和制约，从街道色彩运用上呈现出一种秩序感、和谐感。以北京从紫禁城、皇城外到胡同的街道色彩变化为例，不难看到严格的封建等级规定和清晰的形制对街景色彩风貌的影响，以及街景色彩所传递的不同美感。北京城中心的紫禁城的色彩设计中广泛应用对比的手法，呈现出富丽堂皇的色彩效果。金黄的琉璃瓦屋顶、稳沉的红墙红柱、青绿的梁枋彩画、深色的铺地石砖，这些饱和度、纯度较高的色彩叠加，形成了强烈的色彩冲突，给人以饱满的视觉冲击力，体现的是皇权的绝对中心地位。这种鲜明又特立独行的色彩氛围，带给人的是高高在上、神圣不可侵犯的强势美。这种美令人不寒而栗，让人望而却步，唯有匍匐身姿做仰视状。

而皇城以外的、从四面城门伸向城市内部的各条商业街却展现着别具特色的街景色彩风貌。民国时期，东四牌楼附近的街道以及崇文门内大街、东单大街、朝外大街上的沿街商业店铺紧密排列，多以砖木结构为主，木质的栏杆、雕花挂檐板、窗棂窗花为青砖建筑增添了几分灵秀和暖意。尤其是各色商铺挂出的店铺招牌，摇曳着的艳色灯笼，书写着俏皮话的揽客旗，为商业街道更增添几分活力和市井气息（图2-25）。北京传统商业街景的色彩氛围透露着一种鲜活的市井美，纷繁热闹，活色生香。这种美让人流连忘返，妙趣横生。

从城市商业街道走入胡同，大量形式类似的四合院成为沿街建筑的主体，它们形式相似，胡同街景的色彩也更为统一和谐。沿胡同两侧的建筑立面基本呈现以灰色砌砖墙或灰色抹面混水墙为底，以各个装饰效果特别的门户为街景的点睛之笔。胡同街景色彩和谐、节奏统一，于素雅的灰色中点缀各色艳丽的院门、坊门、牌楼、城门，色彩主次分明，统一中又体

图 2-25 北京大栅栏历史商业街区

现细节的变化。老北京胡同街景的色彩传递着一种质朴美，让人亲近、舒缓又丝丝入扣，在平淡中有小惊喜，在朴实中见小绮丽。

3. 形态美

中国古代女性的形态美存在着两种明显有异的传统观念，从而反映了人们关于女性形态美的两种主流观念认识：一种是"以欣硕、丰满为美"的观念，另一种是"以纤秀、柔弱为美"的观念。由于父权制的儒家文化的影响，在中国封建发展史上，女性"以纤秀、柔弱为美"的传统比"以欣硕、丰满为美"的传统的影响力要大得多，文化积淀也深远得多。汉代班昭的《女诫》对于女性美的规定，最重要的是"女以弱为美"的观念。所谓"弱"，既是指内在精神上的，也是指外在形体上的，举凡柔弱、纤弱、弱小、娇弱，直至瘦弱、羸弱。"弱"的提出与规定，与对女性"柔"的基本认知相联系，在一定程度上也体现了父权享乐、支配的感觉与原则，这个原则的极端发展就是宋元之后女性小脚之美。因而小巧、柔和、纤弱的形态是中国古典女性美的一种典型性表现，传统街道景观的形态中也蕴含着古典女性美的审美特性。

"江南好，风景旧曾谙。日出江花红胜火，春来江水绿如蓝。能不忆江南？"这是白居易在《忆江南》中面对美不胜收的江南美景时，写下的诗词。江南地区由于其水网丰富的地理特征，自古就与"绿如蓝"的"江水"有着密不可分的关系，处处"以水为先"的风貌也由此而来。"小桥、流水、人家"正是其独具的景观特色。这里水网纵横，聚落空间多随河流两侧排列，建筑小巧轻盈，尺度宜人，给人以亲切和谐之感。弯曲自由的小河、横跨水面的小桥，还有临水而建的民居和往来穿梭的小舟，恰似一幅诗情画意的传统山水画，透露出水乡的清新和恬静。曲折蜿蜒的河道、沿河变化多姿的建筑更创造了丰富的景观观赏感受和环境审美对象。与当前城市建设中讲究笔直的街道和整齐划一的现代街景相比，江南古街因水造势、依水造景的水乡形象，充分展现了江南特有的轻柔舒缓的女性美。如果将现代城市街景比喻为衣着线条明快、强调个性的时尚女郎，那么江南古街就好似身着丝绸旗袍、腰姿曼妙婀娜的古典女郎。

最有代表性的江南水乡周庄因水而兴，因水而盛，因水而闻名天下。周庄四面环水，咫尺往来皆须舟楫。全镇依河成街，桥街相连，深宅大院，重脊高檐，河埠廊坊，过街骑楼，穿竹石栏，临河水阁，一派古朴幽静。特有的自然地理环境造就了这里典型的江南水乡面貌。河道两旁都用条石砌筑了驳岸，驳岸设有被当地人叫作"水桥头"的河埠，它成为水乡人家取水、泊船、交易、洗涤的重要地方。因此家家户户必设有自己的河埠，人们聚集在河埠上洗衣淘菜，谈论家事。河埠成为水乡人民传统生活与交流情感的载体，水道承载着水乡人们的亲水之梦。

皖南徽州的古街，则以山水竞秀而称奇，一旦观者进入古街，就会被其中纵横交错的水系所触动。展现在眼前的是"黄山向晚盈轩翠，黟水含春傍槛流""山禽佛席起，溪水入庭流"的美景（图2-26）。黟县素有"小桥流水，人杰地灵"的美称。东、西两侧是山，两山之间是清澈见底、径流不息的吉阳溪，九曲十弯。古街沿着南北向的溪水弯曲有序地排列，错落有致，参差成趣，密密匝匝，鳞次栉比，再添以溪畔小街、石板铺路，

女性视角下城镇街道景观的传承与更新

图 2-26　皖南古街的质朴醇厚之美

显得格外典雅古朴。

4.气质美

伏尔泰说："美只愉悦眼睛，而气质的优雅使人心灵入迷。"气质用来形容人，一般指人相对稳定的个性特征、风格以及气度。性格开朗、潇洒大方的人，往往表现出一种聪慧的气质；性格温和、温文尔雅，多显露出高洁的气质；性格爽直、风格豪放的人，气质多表现为粗犷；性格温和、风度秀丽端庄，气质则表现为恬静……无论是聪慧、高洁，还是粗犷、恬静，都能产生一定的美感。形容人的气质，也可以用来形容对街道景观的审美。王昌龄在《诗格》中提出了物境、情境、意境三境并列之说。物境表现的是感觉；情境表现的是情感；意境表现的是意念。在表达对街道景观女性气质之美时，物境、情境、意境三者在观者的深层心理中的状态是混合的，是物、情、意的交融。

叶朗认为，若说优美与崇高是西方美学的范畴，那么在《易传》所述天地之道是阴阳（刚柔）统一的思想的影响下，中国传统美学也有类似的表述，就是所谓"阴柔之美"和"阳刚之美"。这种刚柔并济的气质美感在中国诗词歌赋中已有不少表现，例如婉约派李清照的词清新细腻："花自飘零水自流。一种相思，两处闲愁。此情无计可消除，才下眉头，却上心头。"迂回婉转中细数相思之苦。豪放派苏东坡的词博大激昂："大江东去，浪淘尽，千古风流人物。故垒西边，人道是，三国周郎赤壁。"气势沉雄中传颂盖世英雄。朱光潜在《文艺心理学》一书中以两句六言诗来形象说明这两种气质的美感："杏花春雨江南"象征柔性的"秀丽"和"典雅"美，美在"神韵"；"骏马秋风冀北"象征刚性的"雄浑"和"劲健"美，美在"气概"。柔性美和刚性美概括了世间万物的美的两种标准。江南传统街巷，正是带有浓郁柔性气质美的典型代表。清幽蜿蜒的街道，寄托着人们对美丽的无限遐想；雨后泛青的石板路，光洁锃亮，像姑娘细滑的脸庞；轻巧秀气的窗棂，探出墙角的片墙，演绎着江南特有的俏丽娇憨。

这样的气质美是细腻温润且俊秀的，尤其伴着江南地区丰盛的雨季，淅淅沥沥的雨水从屋檐坠落，大珠小珠般滴落在屋前街角，仿佛整个街巷都揉碎在这水汽弥漫的氛围中，娇弱可悯。这种与中国传统女性气质美高度吻合的街道之美是与开阔、大气的城镇广场所不同的，它符合中华文化中对阴柔美的理解，是一种重情、重韵、重曲、重柔的女性化的美学（图2-27）。

图 2-27　杭州拱宸桥历史街区的隽永秀丽之美

参考文献

[1] 李银河.女性主义 [M].上海：上海文化出版社，2018.

[2] 田雨.女权主义的划界、反思与超越 [D].长春：吉林大学，2006.

[3] 汪原.女性主义与建筑学 [J].新建筑，2004（1）：66–68.

[4] 黄春晓，顾朝林.基于女性主义的空间透视：一种新的规划理念 [J].城市规划，2003（6）：81–85.

[5] 秦红玲.她建筑：女性视角下的建筑文化 [M].北京：中国建筑工业出版社，2013.

[6] 李翔宁.城市性别空间 [J].建筑师，2003（5）：74–79.

[7] 刘易斯·芒福德.城市发展史：起源、演变和前景 [M].宋俊岭，宋一然，译.上海：上海三联出版社，2018.

[8] 李岚，李新建.城市女性化景观发展演变 [J].中国园林，2015，31（3）：31–35.

[9] 孙文清.女性视角下的城市风景名胜区景观设计研究 [D].长沙：中南林业科技大学，2013.

[10] 田密蜜，陈炜，方茂青.基于传统美学思想的浙江小城市街道环境更新设计研究 [J].浙江工业大学学报：社会科学版，2015，14（4）：425–429.

[11] 徐从淮.行为空间论 [D].天津：天津大学，2005.

[12] 叶朗.美学原理 [M].北京：北京大学出版社，2009：334–338.

[13] 陈望衡.中国古典美学二十 讲 [M].长沙：湖南教育出版社，2007：413

[14] 逢金一.身体理论视域中的秦汉女性美研究 [D].济南：山东大学，2007：76–80.

[15] 田密蜜，方茂青，任彝.江南古村落水景对现代水景设计的启示 [J].浙江工业大学学报：社会科学版，2012，11（3）：307–310.

[16] 陈望衡.我们的家园：环境美学谈 [M].南京：江苏人民出版社，2014.

[17] 陶济.景观美学的研究对象及主要内容 [J].天津社会科学，1985（4）：45–50.

[18] 芦原义信.街道的美学 [M].天津：百花文艺出版社，2006.

[19] 朱丽敏.且行且思 北京城市街道景观 [M].北京：中国建筑工业出版社，2012.

美之所以不是一般的形式，而是所谓"有意义的形式"，正在于它是积淀了社会内容的自然形式。

——李泽厚《美的历程》

第三章
思忖：困惑·他山之石·启示

一、街道景观现状中的困惑

（一）美学之困惑

1. 美学的缺席

黑格尔美学对"美"定义为"美是理念的感性显现"。这个定义强调了美是理性和感性的统一、内容和形式的统一以及主观和客观的统一的三个基本原则。美学作为哲学的分支学科，探讨着求真、求善、求美的永恒话题。可以说"美"，既联系着客观世界存在于运行的基本规律"真"，也联系着人类社会基本的价值取向"善"，还联系着人感性的体验包括感知的体验、情感的体验和想象的体验。维特鲁威在《建筑十书》中谈到建筑的三要素：实用、坚固和美观，把美学作为建筑不可割裂的一个评价标准，把理性化的美和现实生活中的美结合起来。这一思想一直影响着西方古典建筑。从古罗马的城市广场到文艺复兴的市民街道，从巴洛克的城市风格到后来的城市美化运动，建立了一系列"古典美学"的形式美法则。20世纪初，柯布西耶式的"机器美学"被广泛得到认可，古典美转向现代美，形式美转向功能美。但当人们过度沉浸于工业时代模式化、规范化、平均化的时代需求时，却发现物质、技术、功利为导向的城市生活越来越禁锢人们对美好生活的向往，社会呼唤人文关怀的复苏、美学价值的体现和审美文化的觉醒。

陈望衡教授在《我们的家园：环境美学谈》一书中谈道："从美学意义来看城市，城市是一件艺术品，是一首诗，一幅画，它有意境，这意境必然是具有个性特色的。"一座城市给予人的深刻印象很少来源于上帝之眼式的鸟瞰，一般多来源于人视角度的城市街道的游走记忆。如果说沿街建筑是音符，那么街道就是五线谱，音符融入五线谱才能谱写出动人的旋律。美丽的城市正是由一曲韵味悠长的旋律组成的美妙乐章。然而令人哭笑不得的是，城市中常有令人眼前一亮的建筑，却难有令人过目难忘的街道，甚至常常混淆、难以分辨，"千城一面"的缩影正是"万街一景"。一条长达几十公里的大街，景观单一，缺少变化，人们从刚进入街道前几秒的振奋，很快就被雷同又无特色的街景消磨得视觉疲劳。1997年，张扬导演的《爱情麻辣烫》电影片尾，女主角在面目相似的建筑中反复寻觅，最终迷失在街区，再也找不到爱人的家。这似曾荒诞的电影结局道出了当代城市同质化的现实，丧失美学追求的城市犹如工业流水线上的产品，雷同无趣。街道美学不仅包括最显而易见的街道形式美，还包括街道的自然格局和人文风情。街道景观迷失了这些重要的意象要素，自然使人们陷于审美趣味缺失的视觉眼盲之中。无论是把美停留于形式，还是过分强调形式高于功能，都不是对美学的正确理解，以至于造成长久以来街道景观中美学的缺席。

2. 审美的失度

40余年的城镇化建设，使中国城市化水平有了突飞猛进的发展。在以量取胜的大规模造城运动中，不乏耗费大量的财力和物力大搞脱离实际的"形象工程"和"政绩工程"。这类工程的通病就是过多地向公众炫耀帝王般的权力，大尺度、大体量和大景观成了美学标准，工程气派、威严的气势足以让普通民众望而却步。"这些'政绩工程'完全无视居民与环境的情感联系，无视人的生活经验与记忆，也无视旧建筑与历史文明之间的表意关系，只是采取大跃进的模式，追求城市发展的速度、变化和日新月异的惊奇效果，对城市进行颠覆性和断裂性的改造"。2019年12月，RCC旗下媒体建筑畅言网第十届"中国十大丑陋建筑"评选中，贵州"天下第一水司楼"上榜，上榜理由是"臆造乡村文化景观，滥用地方历史符号，严重破坏自然景观"。坐落在贵州省黔南布依族自治州独山县净心谷的水司楼（图3-1），总建筑面积5900平方米，共24层，高99.9米，进深240米，其规模之大，气势之雄伟，堪称一座巨型水族宫殿。然而，这座融合了水族、苗族、布依族特色的全木质框架榫卯结构建筑，自2017年5月完成主体建设后，规划中的酒店、会展等配套设施却迟迟不能落地，变成了烂尾楼。更令人苦笑的是举债高达400亿元人民币，耗资2亿元人民币修建"天下第一水司楼"的独山县却是一个贫困县。一方面是当地老

图3-1 贵州"天下第一水司楼"

百姓挣扎在贫困线上，温饱难继；另一方面是罔顾建筑该有的功能性，罔顾与周边环境的协调性、罔顾当地的经济实力的匹配性，为一己私欲给城镇景观和民众生活强加视觉污染。这样披着美学外衣的"政绩工程"，堂而皇之，令人悲愤。

　　城市建设过程中，有些商业功能的街道景观营造过度侧重经济利益，仅以开发商经济利益最大化为建设目标，从而使庸俗美学成为主流。不求最美但求最贵，庸俗的商业街景把一种虚假的美学符号强加给消费者，令人不适。2016 年 6 月，北京王府井商业街区出现的一个少年半裸雕塑引发网络热议。这座以外国小男孩为题材的城市雕塑，可能并没有什么异样，但定睛一看，就让人感觉不对劲，因为"小男孩"的下半身完全衣不遮体，近乎裸奔，这座"半裸雕塑"一经网友曝光，立即引起了公众的强烈围观，其尺度之大，让人荒诞不经且倍觉难堪。人体雕塑作为艺术的一种表现形式，在不同的环境氛围中有不同的解读方式。尤其在不同文化背景的公共空间场所中，雕塑作为景观小品起到美化环境、烘托主题的作用，更应该秉承对美学、对文化、对民意的敬畏之心。商家之所以选择在中心商业圈摆放"半裸雕塑"，或许是基于商业利益的追逐，初衷是夺人眼球、吸引人气，但却忽视了最起码的艺术严谨性，对公众观感缺乏最基本的尊重与敬畏。庸俗化的商业街景非但不能提升商业环境的品质、美化购物环境，还会形成低俗、扭曲的城市文化形象。无独有偶，除了商业环境中出现令人咋舌的景观小品，新疆乌鲁木齐市水上乐园旁的"飞天"造型绿色植物花堆，也引发了网络热议。这座高约18米、重达40多吨、西北五省（自治区）最大的花雕雕塑，耗时 2 个多月建造而成（图 3-2）。但却被网友吐槽"飞天"造型不美观，与周围环境也不协调，而住在花雕附近的居民最关心的是"飞天"是否会带来安全隐患。最终因为"长得丑"，存在仅十余天的"飞天"被悄然拆除。郑州中原福塔广场的一对石雕猪也引发网友关注。两只圆脸大耳朵肥嘟嘟的卡通猪的造型动作奇特：其中一只趴在抱枕上，袒胸露乳，而另一只跪在它的身后像是在"捶背"。本意寓意孝顺的石雕，因匪夷所思的造型被网友痛批"有伤风化"。城市景观小品虽然可以迅速提升城市知名度，以最快速度让城市光鲜起来，让城市品位看起来似乎更高。但如果以牺牲思想内涵、文化价值和审美品质为代价，那么只会让城市丧失更多魅力，沦为庸俗的代名词。正如中国艺术研究院中国雕塑院院长吴为山所说，优秀的城市雕塑可以极大地提升城市的知名度，然而如果带有功利主义色彩，反而是一种浮躁心理的表现。

图 3-2 "飞天"造型绿色植物花堆

（二）文化之困惑

1. 可识别性的缺失

城市的地域特色和文化传统是支撑城市风貌形象的重要依据。地域特色既包括自然环境的风貌特色，也包含城市环境的历史特点，如街道的形式、建筑群的形式、历史遗存等。城市的文化传统则是城市自身的文化遗产，流芳百世的人物和精神价值，以及城市自身创造的一系列文化象征与文化符号等。这些特色沉淀、浓缩在城市环境的各个层面，形成城市独一无二的名片标识。凯文·林奇（Kevin Lynch）在《城市意向》（*The Image of the City*）一书中描述："一处好的环境意象能够使拥有者在感情上产生十分重要的安全感，能由此在自己与外部世界之间建立协调的关系，它是一种迷失方向之后的恐惧相反的感觉。这意味着，最甜美的感觉是家，不仅熟悉，而且与众不同。"城市环境对生活其中的人们来说，也有着家的归属感，它的风貌形象也应该是与众不同的。

然而，当代城市环境设计却缺乏从文化角度出发进行深入研究和思考，追求短平快的盲目复制和仿制，许多城市的历史文脉与和谐的地域特色遭到破坏。老街区、老建筑拆除殆尽，邻里生活、民间习俗也随之消失。城市街道环境是城市环境的缩影，最直观也最生动体现城市的风貌形象。以北京为例，北京老城区的主要区域可识别性延续至今，例如东、西城区的一些街道依然大致保留了明清北京城的细密城市肌理和紫禁城为中心的城市景观意向，因而街道环境意象较清晰，可识别性较高。而北京城市二环路之外的区域可识别性则非常模糊，建筑形式纷繁复杂，犹如万花筒，建筑与建筑之间缺少空间联系和形式呼应，尤其众多体量巨大的立交桥不仅从视觉和空间上切断了城市街道的有机联系，同时也大大降低了街道景观的可识别度。浙江地处江南，地域特色鲜明，文化底蕴浓厚，但浙江小城市的迅猛发展也无可避免地出现了"千城一面"的景象。尤其是在20世纪90年代"摊大饼"式的城镇化建设中，"欧陆风""大饼脸"式的农居房占据了小城市的主要街道。除了能在保护的古村落中找到传统街道印象，越是繁华的小城市街道越是同质化严重。

2. 人文关怀的呼声

《交往与空间》一书中描绘了最寻常的一幕街头景象："寻常街道上的平凡日子里，游人在人行道上徜徉；孩子们在门前嬉戏；石凳上和台阶上有人小憩；迎面相遇的路人在打招呼；邮递员在匆匆地递送邮件；两位技师在修理汽车；三五成群的人在聊天。"作者笔下描绘的场景如果不是生活的真实写照，只是一种幻境，那么街道就失去的人的气息、生活的味道。而让人感到担忧的，正是街道中这样鲜活的生活场景的印记在渐渐被磨损。人们抱怨、困惑，城市街道中那些合宜的人们交往、停留的空间和场所，那些能为人们生活提供便捷的街道设施，为什么与我们渐行渐远。

究其原因，是没有给予街道中的人以足够的关注，纯粹将街道理解成物质空间，夸大街道的功能属性，弱化了街道在精神、文化层面与人的联系，忽视了街道是为人服务的本质属性。城市街道因为有了人的参与，使其与公路虽都有交通功能，但却给人的体验不同。公路主要满足的是车行的快速交通需求，人作为车辆驾驶者，与公路景观发生的密切关联性比较弱；但人与街道景观的互动方式却比较多元，可驾驶汽车、骑行单车，也可漫步街道，更可以在街道边的休憩长椅上坐下，或与同伴闲聊，或静静观赏车水马龙的街景。不同的交通方式会刺激人的不同的感官体验，毋庸置疑，街道景观与人的关联性更紧密，因而街道景观更需要关注人，提供人文关怀。人文关怀是对人性的肯定与尊重，对人的行为方式的理解与关注，对人的精神文化满足和重视。

粗放型的城镇化建设，在赢得发展速度、扩大城镇面积的时候，对街道中的人文关怀却淡漠了。骑行和人行让位于车行，为了满足车行道挤压人行道空间，人的体验和需求成为城市建设中最可以轻易舍弃的指标。城市街道变成更多地为城市交通工具服务，忽略了城市主体——人的心理和生理需求。尤其是老、弱、残、妇、幼这类特别需要关注的弱势群体，他们在城市街道环境中更需要得到足够的关照和服务。面对新闻中频频爆出的街道意外安全事故，人们对街道景观的适老化、人性化、安全化呼声也日益高涨。2020年8月14日欧联社报道称，"国际计划"

组织发布的一项社会调研报告指出，在德国柏林、汉堡、慕尼黑、科隆这4座人口均超过100万人的大城市中对女性出行情况展开调研，发现女性在出行时存在缺乏安全感的情况。"国际计划"是一个致力于儿童权利和性别平等的国际非盈利组织。该组织的这项调查中邀请约1000名德国女性受访者在城市地图上标记，哪些地点相对安全、哪里相对不安全。调查结果显示，在1267个被标记地点中，80%均被认为不安全，在1014个被标记为不安全的地点中，有208处被认为白天也不安全。受访者表示，在这些地点感到不安全的原因，主要在于夜晚街道照明不足，曾经在慢跑时遭到过言语骚扰，有过被跟踪经历，以及受到过非自愿含有性意识的肢体触碰。"国际计划"2018年曾经在印度新德里、澳大利亚悉尼、秘鲁利马、西班牙马德里做过类似的调研，也获得了大致相同的结果。报道呼吁社会各界采取行动，让每一个女性都能够自由、无忧地在城市内出行，城区街道在进行规划时，应该考虑安全问题。无独有偶，早在2017年4月13日，中国女性出行安全关注组就发布了《中国女性安全出行报告》。报告中揭示针对女性的暴力最常发生在公共交通和道路两处地方，比率分别为28.33%和20.83%；在所有女性出行遭受暴力的事件中，女性单独出行遭受暴力的比率为67.50%，多人出行遭受暴力的比率也高达32.50%，约占总量的1/3。中国女性出行安全关注组是由一群关注女性公共空间出行安全的女性组成的民间组织，致力于推动相关法律和政策的完善，创建一个性别友好、安全的公共空间，保障女性的出行安全。研究报告以各大新闻网站发布的2015年9月1日至2016年9月30日发生的公共空间中针对女性的暴力事件新闻报道为研究分析对象，从事件的基本信息、相关方的反应、责任方的处理结果、媒体报道情况四个方面入手呈现女性出行安全的严重性，探析各个公共部门以及事件相关方的职责，并进一步探讨如何通过多方合作为女性营造一个性别友好、安全的公共空间。

（三）空间之困惑

1. 杂乱与失衡

现代交通工具的发展使城镇交通空间格局产生了巨大的变化，进步的是城镇现代化水平提高了，但小城镇和大城市依然存在着不同程度的痛点。小城镇有着天然优越的街道尺度关系，人与街道的尺度合宜且舒适，但主要交通道路上，往往汽车、摩托车、三轮车、自行车等多种车辆混行，遇上沿街商铺随意停放车辆和占道经营，街道就会变得拥挤混乱，影响正常的交通通行。人在有序的变化中体会的是放松与闲适，在无序的杂乱中感到的是压抑和沮丧。小而精的街道景观是令人愉悦的，但小而杂的街道景观则是让人局促不安的。大城市的钢筋、水泥和玻璃将街道划分成不同维度、不同区域的若干空间，高架桥与隧道、人行天桥与人行地下通道，车与人被分隔的清晰有序，街道的幅面也扩展得愈加开阔。1997 年吕克·贝松（Luc Besson）导演的《第五元素》（*The Fifth Element*）为我们勾勒了 300 年后由高端科技建构的城市：大厦真正实现了高耸入云，汽车都在半空中自在飞行，还分了上下车道。城市的现实与未来都展现了更多元的交通方式，但人与街道的尺度联系却越来越弱化了。这种联系从五感体验到情感关照都被不同程度的削弱与忽视。街道只是完成交通功能的场所，失去了人停留、交往和休憩的空间。每条交通的功能性变得非常明确，而人性参与其中的可能性却没有了。大而密的街道景观如果忽视了人参与其中的尺度，那就只是为城市这片混凝土森林再增添了一抹灰色。

简·雅各布斯在《美国大城市的死与生》中对街道空间的杂乱和死板有这样的描述和认识："设计者为了让整个城市都纳入他的视觉秩序，常常要控制全部的视觉范围，但那会陷入僵硬、死板、缺乏变化，实际上并没有这个必要。真正的艺术很少会呈现出僵硬、死板的一面，如果是，那肯定是一种拙劣的艺术。……这样的视觉设计缺乏吸引力，缺少有机的协调，更没有'曲径通幽'的感觉。"在她看来，街道的前景画面反映着街道的生活，不同形式和类型的建筑、标志、街面店，或者是企业、机构，它们变化越多，则街道越有活力。但如果无休止的重复变化下去，街道的视觉景象就会含混不清、紊乱无疑。这也正是我们在感受街道空间时，一方面沉醉于市井烟火味，感觉亲切又有生活气息；另一方面又无法容忍过于生动的街面变成一堆大杂烩，失衡到缺少必要的秩序。所以街道必要的实用功能的秩序性还是需要的，例如必要的视觉遮挡，即中断那些无止境延伸的景致，给予人们视觉底景，暗示景致的范围。这样街道的空间感的整体性、生动性都得到了加强，"曲径通幽"的街道景致得到了满足。

2. 分散与随机

由于城镇化建设过程中，城市建设的各职能部门都从各自角度出发，缺乏统筹思想与整体规划，导致街道景观各自为政，街道设施无法使用到位。例如街道家具、街道绿化、街道照明都强调各自的重要性，以致在最终的街道景观上，沿街绿化过高过密，遮挡了沿街建筑风貌；街道家具随意摆放、形式不统一，妨碍街道交通；街道照明层次不清，造成街道光污染。街道公共空间中忽略女性的特殊需求与环境体验，设计和管理随机性强，缺少性别意识的介入。例如商业性功能街道上只注重商业氛围营造，忽略光滑如镜的地面铺装，或设置过多大大小小高低起伏的台阶，往往让穿高跟鞋和带小孩的女性感到不便；地下通道和停车场满足了交通功能的要求，但照明不佳、标识不清，让女性感到潜在的不安和危险，构成很大的安全隐患。

朱丽敏在《且行且思：北京城市街道景观》一书中对北京城市整体街道环境设施提出了反思，认为其设立的位置缺乏系统性思考，人行道上的书报亭、信息亭等常常会阻断行人的路线，使得本来空间就不宽裕的人行道在通行上更显局促。体量巨大的人行天桥的上下阶梯口也占据了不少人行道空间，再加上自行车停放设施尤其是共享单车的广泛使用，也在一定程度上占据人行道空间。给行人步行体验带来了诸多困扰。街道上的各类公共设施非但没有成为街道上美丽的风景线，反而成为行人躲之不及的"雷电"。例如北京城市街道的多数人行道铺装设计也处于较低水平，缺少色彩与个性设计，只满足了基本的交通需要，忽视了场所特性和环境体验，削弱了街道空间的魅力。

（四）生态之困惑

1. 盲目破坏

1990 年，钱学森先生提出了"山水城市"概念。他认为："所谓'山水城市'，即将我国山水画移植到中国现在已经开始、将来更应发展的城市建设中，把中国园林构筑艺术应用到城市大区域建设，称之为'山水城市'。这种图画在中国从前的'金碧山水'已见端倪，我们现在更应该注入社会主义中国的时代精神，开始一种新风格为'山水城市'。艺术家的'城市山水'也能促进现代中国的'山水城市'建设，有中国特色的城市建设——颐和园的人民化！"钱学森先生的这一思想不仅体现了对中国传统园林艺术和山水文化的推崇理念，也包含了对自然环境和生态的保护思想，期望营造出城市环境与自然山水融为一体的理想人居环境。

但现实中不少现代城市景观却以破坏自然环境为代价，把山地推平为平原，把河道、湖泊填埋或改道，城市原有的肌理被肆意破坏。武汉原本是一座典型的"山水园林"城市。长江、汉江在这里交汇，将武汉一分为三，形成了武昌、汉口、汉阳三镇跨江鼎立的格局，也就是人们常说的"武汉三镇"。城市之内山多、水多、桥多，尤其湖泊众多，被誉为"千湖之城"。

20 世纪 50 年代,武汉全市的大小湖泊总面积为 879 平方公里,1987 年是
370.97 平方公里,但到 2013 年,武汉市湖泊面积就只有 264.73 平方公里。
沙湖,曾是武汉市仅次于东湖的第二大"城中湖"。2000 年,兴建友谊大
道填占了部分沙湖,伴随着房地产开发的热潮,居住小区和办公楼宇进一
步将沙湖蚕食一半。对比 2000 年与 2016 年的沙湖,16 年的不间断填湖开发,
把沙湖从东南西北各个方向挤压,绿色的湖水被黄褐色的土地掩埋。一条
楚汉路,将沙湖拦腰截断(图 3-3 和图 3-4)。王芳在《基于 RS/GIS 的武
汉城市湖泊演化研究》一文中,将武汉被填湖中各用地类型分为建设用地、
农业用地、交通用地及其他用地四类,并从三个时间段(1986—1995 年,
1995—2000 年,2000—2002 年)分析数据,得出的结论是:在这三段时
间段内,分别有 68%、74% 和 67% 被填占的湖泊转变成了城市建设用地。
这些新建城市版图,改变了原有城市布局形态,更严重的后果是造成直接
导致了湖泊等天然"蓄水池"容量的急剧减少,这是武汉逢雨必内涝的重
要原因之一。对城市建设缺乏生态保护意识,是一种短期获利长期失利的
"自残"策略,尤其是对大城市而言,更是伤筋动骨的大手术。虽然近几
年武汉海绵城市建设的脚步初见成效,截至 2019 年年底,武汉已完成海
绵城市面积总计 123.59 平方公里,青山、汉阳四新示范区 6 个历史渍水点、
3 条黑臭水体有效消除,但城市建设不能走"事后补锅"的路线,保护城
市生态格局应是第一位。

图 3-3 武汉沙湖 2000 年 11 月 1 日图像   图 3-4 武汉沙湖 2016 年 2 月 20 日图像

2. 无序修补

宏观层面强调对"山水城市"自然格局的尊重是一种总体策略，中微观层面把握对街道绿化环境的可持续设计就是一种具体方法。然而街道绿化环境现状中设计虽有，但无章法，突出表现在以下三个方面：

（1）道路设计先行，绿化设计滞后，缺乏统一规划。"金桥银路"的固化思维认为硬性基础建设是第一位，软性绿化只是锦上添花的美化，忽略了绿化在小气候调节、舒适性功能上的作用和意义，导致绿化形式与街道风貌脱节，街道环境品质不高，街道空间整体性削弱，街道风貌特色缺失。

（2）道路绿化空间布局不合理，要么绿化空间不足，绿荫空间少；要么，绿化空间过大，侵占行人步行通道；要么绿化植被过高过密，减低公共空间的视线通透性，容易引发犯罪。

（3）绿化植物设计缺乏特点，品种单一，植物造景手法呆板，美观性不足。街道绿化是最能体现街道生命力的视觉指标，一年四季植物的季相变化带来的色彩变化和形态变化，让街道的氛围也随之呈现不同的效果。虽然相对于道路、沿街建筑和街道设施而言，绿化所占的空间比例有限，但其卫生防护、组织交通、美化市容、调节气候、遮阴纳凉的作用却一点都不少。

上述问题在不少大城市的背街小巷和小城镇中尤为明显，因为这些地方正是被"形象工程"忽视的角落。这些与人关系最为密切的街巷空间，是人可以近距离闻到四季的花香、感受到树叶在艳阳下舞动身影的细腻的空间。在这些街道中，绿化设计要用巧妙、合宜的手法，把人与空间的情感细致地串接起来，而不是将这份细微处的美好遗忘。

在中国，城市无论大小，最光鲜亮丽的绿化形象大道当属高速公路入城的景观大道。这些大道上普遍有阔气的中央绿化带和层次丰富的植物造景。虽然它们一般都远离市中心，人行道上行人寥寥无几，但沿人行道的绿化带依然打造得活色生香。显然，入城的景观大道不是仅为满足行人的需要而展露出迷人姿态的，它还让每一个进入这座城市的人都有一种被重视、被注目的尊贵感，一种宾至而归的温暖感。城市需要这样的形象展示面，只是这样的街道造景为何仅仅是作为一种特定场所的展示，而不是自然而然地出现在城市的每个角落，让车行者与人行者、长者与幼者、男性与女性……都能感受到这般细致的美好。从而让这柔性的穿针引线式的绿化修补，使街道的每个角落都融入城市的整体，使城市的空间更有人情味、更有仪式感。

二、他山之石，可以攻玉

（一）西方街道景观传承案例解析

英文"polite"（礼貌）、"political"（政治）、"police"（警察）等词都来源于古希腊语中的"polis"（城市），"civil"（公民）、"civilization"（文明）、"citizen"（市民）等词都源于古罗马语言中的"civitas"（城市）。由此可发现，对古希腊人和古罗马人来说，城市是男女们聚集起来，构建优良而文明生活的所在。延伸至今，在西方文明中，城市是市民组成的政治实体，是大家以礼相聚、共建文明的场所。街道作为城市公共空间的一部分，也承载着人们对于和谐美好生活的期许和向往。

1. 传统街道中超大型街道景观

"boulevard"和"avenue"是法语词汇，均指的是宽敞的、树木林立的街道，形式多种多样，最早的和最好的都在法国巴黎。建造规整的、树木林立的街道在法国有漫长的传统，可以追溯到凡尔赛太阳宫殿的林荫路。这样的街道特别重视树木的栽植方式，这些树木呈均匀的几何形状排列，比例精当，一般情况下，四棵树构成一个完美的正方形，形态优美。这样的超大型街道主要有三种类型：第一类是简单宽敞的树木林立的街道，可以单向通行也可以双向通行；第二类是在中心处有一道中间带，中间带两边均有树木林立的车道和边道；第三类是多用途大道，也是最受欢迎的大道类型。多用途大道上有主路和辅路将当地车流和远途车流区隔开来。道路中间或其中一边有时会有树木林立的漫步大道或漫步长廊，宽阔的中间带有时也用作自行车道和有轨电车线路。

图 3-5　法国巴黎香榭丽舍大街

这其中比较有代表性的多功能大道是法国巴黎的蒙田大道（Avenue Montaigne）。蒙田大道从香榭丽舍大道（图 3-5）的交通环岛通往位于塞纳河沿岸的阿尔玛广场（place de l' Alma）。街道两侧宽阔的人行边道和规整的沿街建筑均呈现简单的材料和色彩。两侧的慢行辅路上有平行停车道（parallel parking）和共享车道标记，中间带栽有整齐的栗子树。树木的间距很近，它们的枝干在空中交汇，形成一道虽通透但却也是真正有隔离作用的藩篱，将人行区域与机动车道路分离开来。主路路面有三条车道和一条停车道组成，其中一条是供巴士、出租车和自行车使用的逆行车道，

类似于中国目前的公交车专用道。街道空间紧凑，但似乎每一样元素都在
各司其职。蒙田大道街道长度有限，两端皆有视觉终点。宽度约 38.4 米，
在巴黎的多功能大道中属于比较紧凑的，但蒙田大道的车行交通却比较良
好，且步行体验也比较舒适。曾有人做过研究，每小时有 850 辆机动车使
用主路的 3 条车道，42 辆机动车使用两侧辅路的车道，与此同时，有大量
行人漫步在这条街道上，1 小时步行者超过了 1330 人。"紧凑"与"林荫
大道"这两个互相抵触的概念在此被很好地整合起来，使街道具有亲切、
对称和优雅的特点。没有过宽的车道，却保证了有效的交通通行，这得益
于街道交通功能的有效组织，以及街道舒适的比例、简洁明快的树列、和
谐温和的色彩搭配（图 3-6 ~ 图 3-8）。

图 3-6　蒙田大道（多佛、科尔与伙伴事务所设计）

图 3-7　法国巴黎蒙田大道街景

图 3-8　蒙田大道剖面图（多佛、科尔与伙伴事务所设计）

　　欧洲影响巨大的多功能大道案例传到北美，他们展开了新的探索，并留下了显著的成果，其中有代表性的是美国纽约的布鲁克林东部公园道（Eastern Parkway）。这条大道宽约 64 米，宽阔的中间带将主路与狭窄的辅路隔开，中间带有步行和自行车线路，并安置了公园式的长椅，使行人即便置身于汹涌的车流中，也不会感到不适（图 3-9 和图 3-10）。相比较紧凑的蒙田大道的中间带是单列的树阵，阔绰的布鲁克林东部公园道的中间带是双排树列。搭配成荫的大树，这些中间带营造了喧嚣街道上的慢行空间，一种悠闲舒适的公园式氛围。辅路设置了慢车道和停车道，沿道路两侧是三层至五层的联排别墅和公寓建筑构建起的连续街墙，它们的形状、尺寸和布局为街道带来了一种独特的舒适感。有学者通过研究指出，虽然东部公园道的路幅宽、车流量大，但附近居民可以非常舒适地在中间带散步、长椅上闲坐，且中间带林荫道沿线的空气质量和噪声水平等于或优于常规的居住区街道。庞大的车流量并没有降低沿线居民的生活品质，一动一静的两种城市生活状态，在这一街道上完美地同时展现。

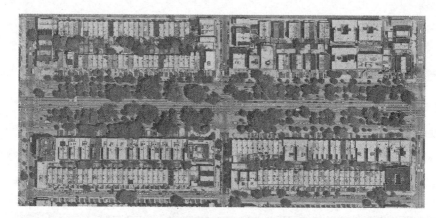

图 3-9　纽约布鲁克林东部公园道（GOOGLE 截图）

图 3-10　纽约布鲁克林东部公园道路景观

2. 传统街道中漫步街道景观

漫步街道（promenade streets）的主要特点是供人漫步行走，和"boulevard"和"avenue"一起，组成城市景观中的重要街道类型。漫步长廊（promenade）是漫步街道的重要组成部分，漫步长廊通常树木林立，使人们在寒冷却阳光和煦的早晨，不必走在建筑遮蔽的人行道上，而多了一个怡人的选择。漫步街道特点在于步行体验，车行交通不是它重要满足的内容，在交通上一般不是车辆穿越城市的快速通道，它车道少且窄，因而车流总是不停地被人行道和建筑中走出的过街行人阻碍。漫步街道虽然可以置身于繁华商业地段，但它更像是一座公园，将一长片公共空间和树木天棚引入城市的核心地带，陈列的树木遮蔽出新的绿色长廊，随着四季变化呈现不同的景象；它也像流动的广场，构成社区中的共享公共空间，人们在此处聚集、社交和彼此观看，人们在街道上漫步行走，形成别致的流动街景。

巴塞罗那的兰布拉大道（Les Rambles）是比较有代表性的漫步街道，它位于巴塞罗那城市南北向的中轴线上。兰布拉大道由三段彼此前后连续、行人川流不息的街道组成，漫长但并不笔直的空间主导了街道的主要风貌。从头至尾的林荫路营造出犹如大教堂穹顶的空间效果，树木成为步行道两侧的屏障以及头顶上的华盖（图 3-11）。街道南北两侧的部分是两个漏斗形的遗址空间，这里植被较少，更为开阔。兰布拉大道是为步行而设

图 3-11　兰布拉大道多样的建筑形态和舒适的树冠天棚（一）

计的，这条街道的设计思路就是给人们提供一个置身其中，散步、会面、闲聊的场所（图3-12）。因而步行道宽阔且居于街道中央，而机动车道则被推至步行道的两侧（图3-13）。行人是这条街道的主人，商店旁狭窄的

图3-12 兰布拉大道多样的建筑形态和舒适的
树冠天棚（二）

人行步道并不能满足人们的需求，人们经常穿越两侧街道，车辆也自然慢行。中央步行道使行人拥有了一段具有优先权的通行空间，兰布拉大道充满着浓郁的人情味，让行人设定了整条大道的速度和基调。两旁的兰布拉大道沿街的建筑风貌是在18世纪晚期确立起来的，新加入的建筑在类型、风格、规模、高度、外观、材料和装饰细节上的差异令兰布拉大道呈现出极端多样化的建筑特征，这也与街道多样化的业态风貌形成呼应。别致的风貌、多元的业态，共同促进了街道大量的人流。高人流量又造就了强大的零售经济，商铺几乎占满了所有建筑临街门面，中心岛上的亭台也容纳了各色的摊铺。连续树冠营造出的天然顶棚，使户外街道犹如

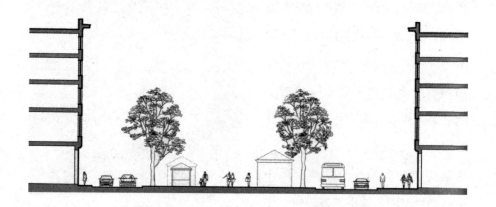

图3-13 兰布拉大道剖面图（莫里和波里佐德斯事务所，建筑师与都市主义事务所设计）

半室内走廊，人们行走其中舒适惬意。落叶的伦敦悬铃木的栽植和沿街建筑高度的控制，又巧妙地保证了街道的舒适性，行人可以尽情享受着夏日的浓荫（图3-14）和冬日的暖阳。信步于街道上，两侧变化多端的建筑，各式各样的公共景观，琳琅满目的商铺店招，还有穿梭于树叶间的柔和阳光，一切静止似乎又在缓慢地运动，行人漫步其中的步行乐趣得到最大满足。

兰布拉大道以独具特色的街道空间形态吸引人们漫步其中，罗什舒阿尔大道则以令人叹服的街道竖向变化打造了让行人倍感安全的漫步街道。罗什舒阿尔大道坐落在法国巴黎蒙马特山脚下。街道名称源自17世纪蒙马特的一位女修道院院长，街道面貌是自19世纪以来形成的。街道拥有双向四车道，其中有专供巴士和出租车使用的专用车道，保证了公共交通的顺畅。车道两侧各有一排路面停车道，外围是3.6米的人行边道。这些都是巴黎主要街道的典型配备，而罗什舒阿尔大道特别的是，它拥有四行行道树的宽大的中心中间带。宽阔的中间带容纳了步行、骑行以及地铁入口空间。中间带在竖向设计上部分高于车道路面，让漫步其中的行人或者骑行者有种天然的优越感、安全感和驾驭感。罗什舒阿尔大道的中间带使用了栏杆、长椅、成排的灌木和大乔木划分出行人和骑行者的空间领域，不使用线条和警示标志，让空间领域在无声息间微妙转换。中间带还配备了不同方向的自行车道，为低碳出行方式提供了连贯安全的骑行空间。罗什舒阿尔大道的部分抬高的中间带，在一些路口用两三级台阶的方式方便行人走进车道穿越斑马线。替代路肩和栏杆的台阶起到了天然降低车辆行驶速度的作用。这样的细节给驾驶者的视觉印象是：行人会在街区沿线的许多地点，自在地走下阶梯，步入车道；车辆经过的是行人主导的街道而不是车辆主导的街道；慢行且车让人是这条街道的必然规律。罗什舒阿尔大道宽阔的且有植被环绕的街景，提供给人以尊严和乐趣，使漫步成为一种生活状态。

图 3-14　兰布拉大道上的夏日浓荫

3. 传统街道中商业性街道景观

商业型街道在不同国家形式略有不同，美国的商业型街道往往是城镇的多用途中心，附近的居民会来这里解决许多日常需求。英国的商业街常称为"高街"，是一些区域性的购物街或区域性的娱乐街。但它们都有一点共通之处，即成功的商业型街道都是让人们乐于走出汽车，去探索街道场所的独特性，无论是购物、观看演出、观赏美景甚至观看人景，人们都能从其中感受到身体和心理的愉悦。所以商业型街道往往设计尽可能狭窄的车道和宽阔的人行道，朝向街面的多用途建筑以及临街建筑底层的雨棚、华盖、拱廊或长廊，营造怡人、舒适、安全的街道空间。

美国马萨诸塞州楠塔基特的商业型街道来源于英格兰沿海一带的"高街"原型。其公共空间比例精良，高大的树冠天棚，稳固的街墙，强化了人们对街道的空间感受。这些商业沿街建筑都有上百年的历史，它们在传统材料、构图、韵律和美观等方面都展现出城市的特色，同时建筑的比例和装饰也呼应了人的比例和当地文化，进一步拉近人和街道的距离（图3-15）。商业型街道不光有商业服务的功能，同时也兼具人们的社交功能，人们除了购买日常所需，也需要与人接触交谈。南塔基特的商业型街道的吸引力，不仅在于空间的美感，同时也营造了趣味十足的街道环境，吸引大量行人。人们可以沿着坡度倾斜的街道漫步，站在低处可以感受广场空间，站在高处可以观望港口的景观，眺望周围教堂的尖顶。

1800年左右，早期的摄政街（Regent Street）由约翰·纳什（John Nash）设计，当时的街道柱廊与列柱组成人行道，其剖面更加小巧且低矮，包含了更多的建筑趣味。摄政街的一端起点是皮卡迪利广场（Piccadilly Circus），一端导向牛津大街（Oxford Street）。当进入皮卡迪利广场的时候，人们会有一种满怀期望的感觉，曲线的导向一方面引导人们走向道路的前端，另一方面也增强了街道的封闭感和场所感。摄政街的街道布局比较简单，由15米宽的车行道和两侧4～5米的人行道组成。沿街建筑一般为6～7

图 3-15　美国马萨诸塞州楠塔基特的商业型街道

层，外墙材质大都为浅灰色或灰褐色的石灰石，大多数建筑入口为斜向转角的模式，沿街建筑的柱子、主要入口、转角处的穹顶、许多的窗户以及强烈的檐口线脚，都强化了整条街道的整体风格。

4. 传统街道中居住性街道景观

北美首创了居住性的林荫大道，这类街道路面宽阔，沿途总是排列着高大的树木，拥有着优美的轮廓线。有些居住性林荫大道的中央，会有栽满植物的步行道，或许起源于法国的林荫大道或者英国的乡村。林荫大道的两侧是规模较大的住宅，彼此之间保持一定的间距，沿街建筑退进很大的一段距离，建筑与街道之间是养护良好的草坪，带给人一种幸福、安宁的感觉。

位于美国弗吉尼亚州里士满的纪念碑大街（Monument Avenue）是一段属于城市居住区的林荫大道，美国南北战争促成了这条街的建造，而今街道不仅以纪念这场战争而闻名，还以其优美的街道景观而给人留下深刻印象。街道中央 12 米宽的分隔带两侧，依次是各为 11 米宽的车行道及 3 米宽的人行道。沿街住宅与小型公寓楼从人行道边缘向后退进了 6 米，若包含门廊的建筑则只后退 3 米。沿街建筑大多两层半到三层半高。人行道和中央分隔带的路缘内侧，种植了橡树与糖枫树，其中以 9 ~ 15 米高的糖枫树居多，它们整齐排列，树冠彼此相连，强调四行笔直的行道树的序列感。纪念碑大街视觉上的线性序列感，除了行道树还有街道的街灯，它们与路缘石、街道地面铺装一起，形成了美轮美奂的街道景观氛围。街灯造型设计雅致，橡子色球形灯罩安置在深绿色有凹槽的灯柱上，街灯间距保持 24 ~ 35 米。车行道铺设灰色的沥青砖，每条路的两侧都有 0.9 米宽的混凝土路缘带。沿街建筑高度相似但样式并不雷同，建筑彼此离得很近，一方面保证了住宅建筑后院的私密性，另一方面也强化了连续的街道界面，加强街道纵深感。

（二）西方城镇街道景观更新案例

1. 美国城镇街道更新案例

受气候变化、对海外石油的依赖和油价上涨，以及人们对适宜步行的街道空间的渴望增强，美国街道更新主要以更有利于步行需求的方向上展开。美国街道更新，在郊区营造新的适宜步行的中心区域，也发展为一场方兴未艾的运动。美国开始重视沿街老建筑的重新再利用，一方面是节省能源，另一方面也是激活了已有的街道活力。那种抛弃已有老建筑和基础设施，通过不断扩张城镇空间边界、扩建郊区以促进经济发展的做法已经终结。人们更希望通过在原有街道环境中加入建筑或设施，将零散的街道空间整合起来，使街道中呈现出场所感、和谐感，一种人头攒动但又不杂乱无序的空间氛围。

美国蒙哥马利的主街德克斯特大道（Dexter Avenue）曾见证了美国历史上众多的大事件。德克斯特大道上的焦点是一端的州议会大楼的穹顶和另一端科特广场中的喷泉。这里是美国首次引入有轨电车的街道，当时构成了这座城市的"闪电路线"的一部分；这里也是美利坚联邦领袖们向查尔斯顿发出重要电报，下令向萨姆特堡开火的所在；这里还是引发蒙哥马利抵制巴士运动的地方。随着美国下城和主街漫长的衰落，周围的科特广场和科特街被改造成一片乏味的商业步行街，德克斯特大道沿街的店面逐

图 3-16　2006 年德克斯特大道改造前状态

渐消失不见，变得死气沉沉，越来越安静（图 3-16）。蒙哥马利市政当局根据霍尔规划与工程事务所的里克·霍尔（Rick Hall）的设计，首先重新将科特广场修复为一座合宜的广场，广场以比利时圆石铺设，中心处设一座喷泉，汽车、巴士、行人和游行队伍共享这片空间。接下来就着手德克斯特大道的更新工作，这也意味着蒙哥马利下城复兴的开端。2007 年大道景观更新设计由多佛、科尔与伙伴事务所完成。德克斯特大道上的历史建筑得到修复和重新入驻，空置地块也根据新颁布的智能规范（Smart

Code）进行开发。整个方案的视觉效果和提议吸纳了超过 850 位当地居民、商户业主和社区负责人的献计献策，确保了设计方案自上而下，从政策法规到使用人群，各个层面都能与这座城市的建筑、市政空间和街道环境协调一致。德克斯特大道的更新设计把工作重点从土地使用和停车需求转移到思考建筑与街道之间的关系上，改变以往空白墙壁或单调外墙表皮面向街道的做法，将门窗、店面、户外咖啡馆、阳台等设施面向街道公共空间。这样，一方面多样的业态空间丰富了街面的空间形象；另一方面，新业态带来的人流，使街道的活力得以激发，街道不再是冰冷的建筑城堡围成的城市空间，而是由人的街道生活构成的生机勃勃的画面（图 3-17）。

美国不少中心城市通过编制街道设计导则，协调了机动车与人的关系，改善街道环境、提升街道空间品质。纽约交通部为了优化城市的步行环境，使街道能够更加安全、友好，于 2009 年编制了《纽约街道设计导则》，以便能够更有效的规范指导街道的建设。该导则最主要的特点是以"工具箱"的形式指导街道设计，使得多方使用者都能够了解街道设计的过程，可以推动公共参与的积极性。同时，给予使用者一定的弹性空间和选择余地，可以较好地发挥设计的主观能动性，创造出更加灵活富有特色的街道。波士顿长期受"车本位"模式影响，过于重视机动车的高速通行，忽略人的使用需求，造成交通堵塞严重、街道空间混乱的街景状况。2009 年波士顿通过精细化的街道设计、创新化的设计手段、智能化的交通管理体系和"自上而下"与"自下而上"兼容的改革方式等技术亮点的街道设计导则编制工作，使波士顿街道重返活力。例如适时更新并运用最新设计理念、方法以及新材料，如智慧城市、低影响开发雨水系统、网络信息技术和可持续材料等，使街道的建设更科学、高效、人性化，推进街道的可持续性发展；利用智能化系统来监测控制街道中人、车的交通活动，不仅便于街道管理，还大大提高了街道的通行能力。洛杉矶是著名的"汽车之城"，由于过于重视机动车的使用导致交通、环境问题日益恶化，引发了内城活力衰落、零售业萧条、环境污染等一系列社会经济问题。2011年制定完成的新一版《街道设计导则》，使洛杉矶居民重新拥有了宜人街道和充满活力的社区。导则中街道设计重视整合公共交通，重视改造市区已有街道和郊区，重视街道的排水和生态化设计。洛杉矶导则较为系统、全面地涉及城市用地规划、建筑设计、道路和场地设计以及街道设施的设计，同时关注人性化设计和多方使用者的需求，比如无障碍设计和交通稳静化措施。

2. 英国城镇街道更新案例

自20世纪90年代，英国的交通政策就在向整合交通和土地利用规划的方向努力。政府致力于搭建一个政策框架，即人们的出行方式选择能够与环保目标保持一致。政府通过控制机动车出行距离和次数的增长，鼓励对环境影响小的替代出行方式，由此减少对私人小汽车的依赖。2003年伦敦市中心实施的拥挤收费制度，促使人们从经济角度考虑选择私人小汽车的替代出行方式，从而在缓解交通拥堵、提高出行效率及改善步行和自行车交通环境方面取得了显著成效。2004年，伦敦市城市设计顾问扬·盖尔提出将伦敦所造成一座适宜步行的世界级城市的概念。提倡鼓励步行的设计，将步行变成一种功能性活动而不是从前的休闲消遣方式随意进行。2007年，英国建筑及环境委员会（Commission for Architecture and the Built Environment，CABE）协同交通部门发布了《街道设计手册》（*Manual for Streets*），通过城市设计的方法指导设计和规划更精细、便捷的社区街道和城市交通。2009年，伦敦交通局发布的"易辨认的伦敦"（Legible London）是一套先进的、更完整、更清晰、更经济的指路系统，它不仅覆盖整个市区，还提供不同交通方式间的换乘指示，是目前世界上最大的步行指路系统。伦敦交通局更注重从长远的角度审视街道设计——将街道设计成为有益于步行和自行车行驶的空间，同时

图 3-17　德克斯特大道改造设计效果图（多佛、科尔与伙伴事务所设计）

也为汽车服务。

伦敦中心地区在 20 世纪 90 年代中期，被人们认为是拥挤、丑陋、为汽车和行人通行都造成不便的区域，即使位于切尔西皇家区的肯辛顿高街也难逃恶评。人行道上沉重的铁栏杆虽然控制了人们穿越马路的行为方式，但既不美观也缺少人性化考虑的设计，被伦敦人蔑称为"猪圈"。除此之外，高街上的交通标牌又多又大，在视觉上喧宾夺主，盖过了道路本身及商业招牌，构成视觉干扰，弱化了行人的空间体验。更严重的是，由于几乎没有路边停车或临时停车带来降低车速，行进中的车流带来了巨大的噪声和空气污染，使原本拥有伦敦最精

美建筑的街道陷入了杂乱、庸俗和喧嚣的窘境。丹尼尔·莫依轮（Daniel Moylan）领导了肯辛顿高街的更新设计，他们构建了"简洁、高品质和典雅"的设计目标，并梳理出一系列设计导则。例如，人行道无栏杆或柱桩（图 3-18）；交通标志与标记大大缩减；线性步道，越长越好；改善南北向的行人过街状况，尽量消除分段斑马线；更多有益的行人空间；

图 3-18　英国伦敦肯辛顿高街上人行横道的地面不锈钢防滑钉设计取代了栏杆和柱桩

增加自行车停放空间；尽量缩减地面铺装材料种类等。最终的效果是，
人们对街道景观的注意力被建筑与建筑之间的空间牢牢吸引，没有被一
些密集的细节所转移，街道中的建筑美赫然展现，街道空间层次分明，
行人再没有被驱赶的步行体验，行人与车辆并行不悖，中间带上的自行
车停放空间很受欢迎（图 3-19）。

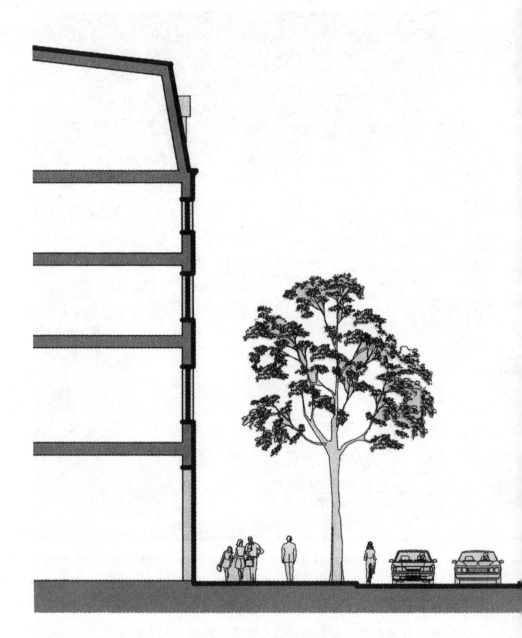

图 3-19 英国伦敦肯辛顿高街剖面图（多佛、科尔与伙伴事务所设计）

女性视角下城镇街道景观的传承与更新

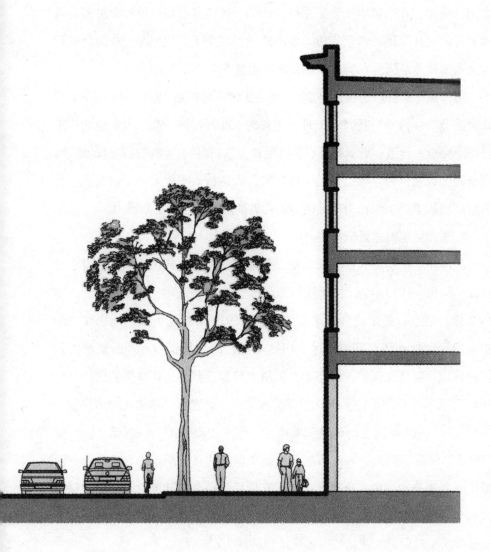

伦敦的展览路（Exhibition Road）是 2010 年改造完成的典范性共享空间街道项目。街道全长 820 米，改造耗时 3 年，政府出资近 3000 万英镑。改造内容包括全路段改用无障碍步行道铺装，移除行人、自行车、机动车之间的路障，在街道中央安装路灯。作为一条两侧由展览馆和学院围合营造的充满文化氛围的特色街道，该改造项目获得了广泛好评，改造后的行人交通事故总量降低 60%，使整条街道更具安全性和活力。

另一项标志性改造项目是 2012 年完工的牛津广场（Oxford Circus）过街设施改造。该项目耗时 6 个月，花费约 500 万英镑。改造内容包括移除路障、拓宽人行道、更新路灯、扩增地铁出入口空间、增设对角过街铺装、更新路面铺装材料。改造后的牛津广场行人通行效率提高了 1 倍以上，公共空间增加了近 70%，为最具活力的伦敦商业中心创造了新潜力。

3. 法国城镇街道更新案例

法国是一个有着丰富城市历史文化遗产的国家，其保护工作做得十分全面、细致。1913 年法国就制定了历史纪念物保护法律，根据历史纪念物的文化价值进行指定或登录形式的保护。1930 年指定了景观地法律以保护天然纪念物和历史环境地区。1943 年就纪念物周围 500 米的景观进行控制管理和制度化保护，颁布了有关历史建筑及其周边环境保护的法令。1962 年颁布《马尔罗法》建立了保护区制度，促进不可移动文物的修复。1993 年在 1983 年制定的建筑和城市遗产保护（ZPPAU）的基础上，形成 ZPPAUP 法案。法国一方面历史文化遗产保护的意识深入人心，另一方面城市景观创造和历史文化遗产保护相互依托。在改善城市空间环境质量和人们生活品质的同时，也注重增加历史地段的场所感和亲切性，从而进一步提升历史地段的文化品位及地区的经济活力。

1988—1999 年，巴黎市政府在巴黎市区的中心区域第十二区，逐步规划实施建成了一条占地面积达 10 公顷的绿化步行道（Promenade Planteé）。其目的是连接巴士底广场（la Place de la Bastille）和万赛纳林地（le Bois de Vincenne），从而在用地十分紧张而又寸土寸金的巴黎中心区，营造供步行者漫步的道路型公园。绿化步行道总长度4.5公里，宽度随具体地段在9～30米间变化。为了与机动车交通完全隔离，整个步行道时而架空时而下沉，空间景象变化多样。这条风景如画的步行道是由建筑师飞利浦·马提约（Philppe Mathieux）和景观师亚克·沃若里（Jaquces Vergely）共同设计规划的。设计中充分利用了位于巴士底和瓦雷纳—圣茂赫（la Varenne–St Maur）之间的旧火车道路线。这条铁路线修建于19世纪，并于1969年停止使用，设计保留了大部分原有铁路的结构设施（高架桥、路堤、隧道、路堑等），涵洞改造成各种手工艺作坊、艺术品商店和咖啡店（图3-20）。在记录城市历史的伤疤中创造出了如画的风景。整个步行道像一根神奇的线将所穿过的邻里与街巷穿缝在一起，它的规划和实施，使得众多为了恢复和激活片区经济活力的策划项目得以落实，重新组织了道路系统，重建城市街区，不断实施住宅和商业、办公及休闲设施，使得这片败落的工业区在历史的基底上，重新得到活力。

法国西部重镇南特是一座历史古城，既有中世纪的城堡、教堂和广场，也有18—19世纪的城市结构和大量的新古典主义风格的建筑群（图3-21）。20世纪30年代，根据当时的城市规划，形成了现代南特城市中心主要空间骨架——五十人质大街。但这些道路空间逐渐被汽车交通和停车场所占据，交通拥塞，污染严重，使得车行道不断变宽，而人行空间逐步减少。城市中心传统的商业气氛受到损害，往昔街边的露天酒吧完全处于滚滚车流及污染所包围，地区活力下降。为了解决城市中心突出的交通问题，以创造有特色的城市中心新的景观形象，南特市政府进行了大规模的城市改建工作。在20世纪90年代初开始了城市范围的交通整治，建造了两座新的跨越卢瓦尔河的大桥，完善了城市外围的环线交通，用以分散进入市中心的汽车流量，随后设计了公共有轨电车线路，鼓励市民采用公共交通出行。政府举行了针对城市中心公共空间整治的

国际招投标，建筑师 B. Fortier 和 I. Rota 为首的设计小组的城市设计方案，以在城市中植入大量绿化空间及引入有轨电车线路等特点而中标。这些为五十人质大街的交通整治和景观设计提供良好的基础。由于五十人质大街处在南特城市历史文化遗产保护区内，因此街道更新设计以保护原有历史建筑及城市形态为出发点，控制开发建设项目，着重对街道的交通、街道设施及景观进行改造设计（图 3-22 和图 3-23）。在城市中心引入公交有轨电车线路，此举不仅为五十人质大街提供了稳定、高效、快速的公共交通，方便市民出行，而且造型新颖的电车本身就是城市一道流

图 3-20　桥下涵洞改造的手工艺
作坊和商铺

动的风景线。更新设计以此为基础，将原来 8 车道的汽车交通和大量停车空间转变成适于步行使用的景观空间，改造后原先 5 公顷的交通面积，现在其中 4 公顷是留给步行空间和有轨交通空间，只留下 2 车道外加临时停车的汽车交通宽度。从而在不影响可达性的前提下，改善了五十人质大街的空间环境品质，通过精心设计花坛、坐凳、街灯、铺地等，并结合道路的曲折变化，灵活布置各种活动空间，使街道更加充满浓郁的生活气息，还街道以人性的尺度。

图 3-21　法国南特城市街道景观

图 3-22　法国南特城市五十人质大街景观鸟瞰图

图 3-23　在原有铁路轨迹上改造的绿化步行道

三、启示

（一）注重街道景观设计中保护与更新的价值取向

　　城镇环境是一个有机系统，历史传统街道的保护和旧城街道的更新都处于城镇发展的两个维度，彼此联系，不论是保护性的景观营造还是更新性的景观建设都离不开对原有环境的价值认可和对未来环境的价值期许。这样的价值取向体现在综合解决城市土地及空间资源的利用、道路交通整治、历史文化遗产的保护、城市生态等多个层面，以达到激活历史文化场所的活力、改善城市街道环境品质、促进街道公共活动的交流、保护并延续城市特色的目的。对城镇街道历史地段特定文化内涵的尊重、对街道环境中人群生活习性的理解，是这些独特价值取向的评判基础。无论是象征着法国浪漫情怀的巴黎蒙田大道、体现着西班牙热情奔放的巴塞罗那的兰布拉大道，还是演绎着英国精致优雅的摄政大街，都通过不同的景观保护手法去传递着本国历史文化影响下人们的街道生活风貌。美国蒙哥马利的德克斯特大道景观更新和纽约、波士顿、洛杉矶等大城市街道设计导则的制定，让我们感受到面临不断涌现的城市新问题，街道景观也需要确立新的价值定位，树立新的景观形象。

　　现代城镇街道景观设计所追求的目标除了文化传承的价值取向，也包括改善城市生态环境，促进城市和谐发展。这不仅是设计师们的职责，更要依靠政府高瞻远瞩的城市发展政策的引导及各职能部门的相互协作。注重街道环境设计中生态的价值取向，即要注重建设规模、建造方式与景观环境上的相互平衡，适当控制建设规模，增强环境可持续性的发展意识，注重文化与生态的统一。

（二）借鉴街道景观设计中的特色空间营造

街道景观中最吸引人视觉的往往是街道中的特色空间环境。例如，漫步街道中的绿荫长廊巧妙营造出舒适的休闲空间，无论晴雨，都能带来惬意的散步体验；又如，沿街建筑底商中俏皮的店面、人头攒动的临街咖啡馆、舒适别致的休闲座椅、花池或者街头小广场处一座与众不同的雕塑，都使街道景观风貌焕发出勃勃生机。特色空间的营造犹如街道景观中的点睛之笔，它往往是从微观空间层面去表达街道的文化特质和功能定位。从细节中体现街道独一无二的可识别感。

街道景观设计中的元素也在特色空间营造中表现得格外鲜明。例如英国伦敦肯辛顿高街的特色人行道铺装、法国巴黎第十二区的绿化步行道以及美国弗吉利亚州里士满纪念碑大街上的街道家具，都从景观元素的鲜明特点入手，给人们留下深刻的印象。西方街道景观从整体空间到细部元素，突出其个性特征，这样使得千街千面，各领风骚。

（三）尊重街道景观设计中女性群体的感知体验

西方城镇街道中无论是漫步道还是商业型街道抑或生活性街道，都非常重视人的感受，体现出街道景观的空间尺度和形态皆为人服务的宗旨。不论是历史街道景观还是现代街道景观，都讲述着不同时期人们的故事、意愿，沉积在城市街道的形态中，成为各种标志性景物、景观。女性群体天然的感知优势，使得她们更愿意从体验的角度去感知这些"景""物"。相比于男性，女性在视觉体验、行为体验上对吸引力、安全性、舒适感的敏锐度更高，街道环境中遮风避雨的绿荫，隔绝车流的步道，琳琅满目的商铺都给女性提供了全方位体验环境的绝好途径。尤其一些商业型街道，满足了女性群体良好的感知体验，等于实现了人气和财气的双赢。城镇街道景观的设计在满足功能要求、特色营造和文化传承的基础上，更需要精细化、人性化地深入到人群的特定需求上，使环境与人成为紧密的整体。

参考文献

[1] 陈望衡 . 我们的家园：环境美学谈 [M]. 南京：江苏人民出版社，江苏凤凰美术出版社，2014.

[2] 鲍世行，顾孟潮 . 山水城市与建筑科学 [M]. 北京：中国建筑工业出版社，1990 : 416.

[3] 王芳 . 基于 RS/GIS 的武汉城市湖泊演化研究 [D]. 武汉：武汉大学，2005.

[4] 梁梅 . 中国当代城市环境设计的美学分析与批判 [M]. 北京：中国建筑工业出版社，2008.

[5] 凯文·林奇 . 城市意向 [M]. 北京：华夏出版社，2001.

[6] 朱丽敏 . 且行且思：北京城市街道景观 [M]. 北京：中国建筑工业出版社，2012.

[7] 扬·盖尔 . 交往与空间 [M]. 北京：中国建筑工业出版社，2013 : 13.

[8] 简·雅各布斯 . 美国大城市的死与生 [M]. 南京：译林出版社，2006 : 378.

[9] 阿兰·B. 雅各布斯 . 伟大的街道 [M]. 北京：中国建筑工业出版社，2013 : 49–160.

[10] Michael R Gallagher，王紫瑜 . 追求精细化的街道设计：《伦敦街道设计导则》解读 [J]. 城市交通，2015，13（4）：56–64.

[11] 维克多·多佛，约翰·马森加尔 . 街道设计：打造伟大城镇的秘诀 [M]. 北京：中国工信出版集团，电子工业出版社，2015.

[12] 郭顺 . 国内外大都市建成区街道设计导则的比较研究 [D]. 北京：北京建筑大学，2018.

［13］ 张凡.法国城市历史地段景观创造与城市设计［J］.时代建筑，2002（1）：38-
40.

［14］ 王存存.巴黎"步行景观之路"对中国城市道路步行系统建设的启迪［C］//中
国土木工程学会市政工程分会城市道路与交通学术委员会.科技创新　绿色交
通：第十一次全国城市道路交通学术会议论文集.中国土木工程学会，2011：5.

［15］ 刘晖."十世同堂"：感知巴黎城市景观［J］.中国园林，2014（3）：29-34.

［16］ 陈卉.法国城市景观保护与规划控制的经验与启示［J］.建筑与文化，2017（9）：
162-164.

如果我的心是一朵莲花，正中擎出一枝点亮的蜡，荧荧虽则单是那一剪光，
我也要它骄傲的捧出辉煌。

——林徽因《莲灯》

第四章
求索：传承·万象更新·再生

一、女性视角下城镇街道景观的传承之道

（一）秉承街道美学中的真善美

如果把城镇比喻为犹如人体一般的精密组织结构，那么街道就是保证这具精密人体自如运动的血脉，在给予城镇活力和生机的同时，也传达着城镇的美的内涵。街道不像广场外露而直白，街道更含蓄内敛。街道把城镇的故事缠绕在街头巷尾的各个角落，娓娓道来。中国传统街道美学讲究顺应地形，蜿蜒曲折，视觉审美景象变换多端。例如，传统街道交叉口处的空间一般拓宽，成为街道转换及人们驻足停留的公共交流空间，视野由狭窄变开阔；传统街道的景象也会随路径方向变化而交替出现，营造出步移景异的绝佳审美效果。中国现代城市街道美学随着街道功能需求的不同，呈现更加多元的审美趋势。例如，商业型街道景观突显商业氛围的娱乐性、参与性和体验性，贴合现代人商业行为方式，夜生活的丰富也促使街道夜景的灯光设计成为亮点；现代居住型街道景观强调人与街道的尺度关系，闲适、宜人的街道景象满足了住区的景观要求。

街道美学与其说是街道形象外在展示的内在哲理，还不如说是人们对美好生活的投射，是人们对真善美的不懈追求，是城镇美学在特定细微空间中的具体表现（图4-1和图4-2）。虽然不同历史时期街道景观的形式有变化，但街道景观中传递的真善美的指导原则却是统一的。这种统一体现在美上，这种美不是单纯的形式美，而是善与真转换而来的美，是美中有善，美中有真。美不只是形式，还有内容，形式是内容的外在存在，内容是形式的内在实质。街道美的外在表现为形式，它的功能包括物质上的功能与精神上的功能。这些功能对人是有益的，则为善；这些功能是合乎规律的，合乎生态的，故也为真。真体现为善，善依据于真，故善以真为本；善因显现为恰当的形式，既利于人又悦于人，故又为美。秉承街道美学的主导，不能简单理解为形式的主导，还是应该理解为以真善美相统一的原则为主导。以街道美学真善美相统一的原则主导，不会影响城市街道功能性的发展目标，而是将功能性的发展目标提升到审美的高度，从而实现城市街道功能的升级，使城市街道不再是仅满足功能要求的巨型机器，同时也是美好的家园。

图4-1　英国法尔茅斯小镇商业街的轻快闲适之美

图 4-2　法国巴黎街道的繁华浓烈之美

　　街道景观中倡导真善美的美学主导，其一，应该保证真善美原则的和谐统一。当前街道景观中出现美学缺席和审美失度的现象时，很大程度上是把创作者个体的审美喜好强加于公众，过分追求形式的与众不同，脱离了"真"与"善"。背离大众审美规律、生态平衡理念的形式表达，不仅不能展现出街道景观之美，反而会走向"美"的反面。前文里提到的"中国十大丑陋建筑"和网上恶评如潮的街头景观小品，都是违背真善美统一原则而导致的反面恶果。其二，应该以平视视角看待美学在街道景观中的营造。街道空间是城镇公共空间的重要组成部分，公众是公共空间的使用者和评判者。街道美学既是历史人文的沉淀，有时间维度的标尺；也是社会生活的投射，有空间维度的标尺。过分仰视街道景观的美学营造，把它看成是曲高和寡的少部分人自娱自乐、小众的修罗场，就无视了公共的属性和公众的权利；而过分藐视街道美学在街道景观中的重要作用，违背人民群众追求美好生活的意愿，就与时代主旋律严重背离。只有用平等的视角去审视街道空间的人与物，用质朴、平实、真切的艺术表现手法去展现街道风貌之美，这样的美才历久弥新。其三，街道景观形式美的营造也应该尊崇美的基本规律和准则。虽然对于美的理解各有千秋，犹如"一百个人心目中有一百个蒙娜丽莎"，但对于美的基本规律的共识还是统一的。街道景观的设计者需要具备一定的审美素养和设计表达能力，在设计创作时，美的鉴别力和表现力是自动摒弃低俗、粗糙、丑陋的最有力的武器。

女性对美的感知具有与生俱来的能力，这种对美的渴望与追求正是街道景观营造追寻的目标。街道空间相对于城市空间，从空间尺度上来说属于微观层面，与人的关系更为密切。女性人群细腻的感知和对美的本能渴望，可理解为是助力街道景观美营造的推动器，也是街道景观从粗放型建设走向精细化塑造的必然规律。街道景观的最终服务对象不是业态、空间，而是人群。脱离人的情感需求、生理感知的景观空间，是没有生命力的，也不符合人类构建城镇这样的物质空间的根本目的。强调以女性视角去传承街道景观美学，是从更深层次的人群需求角度对街道景观美学的艺术化表现提出更高的要求。也只有深入人心的、打动人心的街道景观之美才能传承延续。

（二）延续街道风貌中的人文基因

"人文"一词在中国最早出现在《周易》，指礼乐教化。自然界事物的运行法则属于"天文"，人类社会文明礼俗的运行法则属于"人文"。"天文"与"人文"在中国传统文化中和谐统一，"人文"以"天文"为根本，并进而通过深入观察"天文"而化成为天下。当今人们对"生态"和"文脉"的推崇可以追溯到对"天文"和"人文"内涵的深刻理解，但对其相互关系的解读却没有《周易·贲卦·象传》所言来得深刻。

街道作为城镇庞大空间体系中的微空间，其风貌也是城市形象的微观缩影。人们品读城镇风情的视角，不会从翱翔高空的飞机上鸟瞰城镇全貌，也不会搭乘高速火车风驰电掣般速览城市，而是驾驶汽车低速驰入街道或脚踩单车悠闲穿梭于街巷，当然最佳的方式是漫步在街头巷尾，用脚步去丈量街道的尺度舒适与否、用眼睛去感受街道景观的宜人与否、用耳朵去聆听街道中人车交织的声音悦耳与否。而最让人难以忘却的还不是身体所能感知到的街道表象，而是街道蕴含其中的人文传统。美国纽约布鲁克林湾脊地区从 1973 年开始每年都会举办"第三大道街坊节"。街坊节（Street Fair）是美国社区的民间文化活动。"第三大道街坊节"从 69 街一直延伸到 94 街，共占 26 个街口，长达 1.3 英里（约 2.09 公里），吸引了上万民众前来，沿路的艺术品、美食、舞台表演、娱乐游戏等让人们乐此不疲。街道独特的人文特色让不同文化背景的人们汇聚于此，共享快乐时光。浙江安吉梅溪镇也于 2019 年 1 月举办街坊节，主要招募剪纸、扎灯笼、捏面人等传统手工艺摊位，同时欢迎当地的传统小吃以及美食达人的自制产品。不仅营造了浓浓的"年味"，也挖掘了当地的文化内涵，增强邻里之间的和睦。

街道人文基因的传递，可以通过主题活动的策划，从人文体验的角度渗透到每一个参与者心中；但更需要通过与人文内涵相匹配的空间场景达到情景交融的艺术效果。延续城镇街道景观人文基因的设计手法，可归纳为以下三个层面：

（1）保留城镇街道的特色形象。从城镇的传统街道景观意象上不难看出，城镇街道的空间尺度、地域特色、功能定位都有自己鲜明的特征，这就是城镇独有的形象，这些形象已牢牢印记在人们的记忆中，不仅是让生活在其中的人们悠然自得，也让游历到此的人们感受到它独有的魅力。随着城镇化的建设发展，在规模扩大的同时，更需要把握住街道的尺度关系。即避免盲目求"大"、求"宽"的街道尺度，越是城镇中心区域，街道尺度越要保留亲切、质朴的美感。沿街建筑形态的设计处理中，从建筑的体量到立面的风貌都尽量体现当地的传统建筑特点。甚至到城市家具的设计处理上，都要从建筑、街景整体考虑，体现当地的地域文脉特色，符合当地人们的审美、生活习惯。

（2）梳理城镇街道功能布局。城镇化的大规模建设使传统城镇街道的功能发生翻天覆地的变化，下商上宅的建筑功能布局形式取代了单一的居住与商业脱离的传统形式，街道上的业态也随之丰富且杂乱起来。这就需要对街道功能定位从规划角度进行一定的整理、疏导，并配合相应的业态经营。街道景观的营造也应以街道功能定位为前提，以文脉演绎为手段，配合完成街道景观塑造，从根本上改变由于过快建设发展造成的城镇街道景观杂乱的现状。

（3）创新城镇街道景观意象。城镇化建设的最终目的并不是将村镇都变为城市；尤其是"十四五"规划中对推进以人为核心的新型城镇化明确指出，增强中心城市的辐射带动能力，稳步提升中小城市功能，促进特大镇和县域的整体发展，这就需要通过科学、先进、有效的方法改变城镇落后、杂乱的面貌，提高人们的整体生活水平。因此延续城镇街道景观的人文基因，不是单纯的重现，还需要加以发展和创新。要有一定的发展和开拓眼光，在当前的街道景观设计之时也要为未来城镇的发展预留出一定的空间和媒介。例如，多媒体数字时代的信息传递概念、整体性城市形象导视系统等都可以运用到城镇街道景观的营造中。这是延续人文基因的与时俱进的解读方式。

当今女性体验城镇日常生活，依然要面临包括社会、经济等方面的困扰，这些困扰以深刻性别化的方式塑造了她们的日常生活。而其中不少障碍是男性感受不到的，其原因也源于城镇空间更多是为了支持和促进男性性别角色而建设，并以男性的体验为常态。女性群体往往容易被忽略，但女性比男性更容易受到城市结构的影响，尤其是城镇街道，对女性而言，在某些时刻充满了不安全因素。强调街道风貌延续人文基因，一方面是从街道空间营造上传承人文传统，另一方面也是从街道景观设计中更多地给予人文关怀，尤其是女性群体从生理到心理、从行为到体验的深层关怀。街道作为女性出行时的主要停留场所，需要考虑到女性容易疲劳等生理特点，特别是老年人、孕妇和哺乳妇女，在兼顾街道空间连续性和建筑界面视觉影响的情况下，应当通过休息座椅、街边小品等城市家具的合理设计来提升女性在街道环境中的体验感（图4-3）。不仅体现了对女性及社会特殊群体的关怀，同时可以丰富街道风貌的人文气息。除此之外，安全也是女性在街道出行时最为关注的问题之一，在街道公共空间设计中加入更多的可以消除女性危险感的设计，会使空间更加具有人性化的色彩。例如，街道上地铁通道尽量以短、宽为好，出入口的监视性要好；在街巷通道转弯处或角落加装镜子；街道白色照明优于黄色；天桥优于地下通道等措施的实施。

（三）彰显街道空间中的地域个性

每个城镇都有自己独有的地域特性，特有的符号，它犹如城镇的眼睛。通过这些符号，人们可以探讨一种历史、一种气息、一种风情，进而构成人们对城镇感知和记忆的基础。街道空间正是城镇空间的缩影，这些特有的符号也是通过清晰、生动的街道得以具体展现。街道空间景观营造中融入地域特点，最终形成完整的城镇形象名片，标识出城镇独特的地域个性。

城镇街道的地域特点与所在城镇的自然环境、地形条件和地理气候密切相关。地理位置、空间环境、气候、地形、资源等自然因素既制约着城镇街道的形成，也构成了城镇街道的空间形态。地形条件是决定街道空间界面形式的前提。平原地区、山地以及起伏丘陵地形下的城镇街道，所带有的地域个性是截然不同的。对于街道地域个性的塑造，既不完全被动地

图 4-3　商业街中的休憩座椅是爱逛街女性的福利

受地形的约束，也不粗暴改造地形服从于既定的设计，而是顺其自然，因地制宜。这需要以尊重地域特征为前提，以生态环境保护为宗旨。笔者有一年的英国访学经历，比起高楼林立的伦敦城，笔者更喜欢漫步英国小镇的街巷中。英国地势北高南低，多数陆地呈现缓和的丘陵地貌。因而英国小镇的街道几乎没有横平竖直的规则布局，而是依顺地形起伏，蜿蜒回转。稍显笨拙的弹石路，围墙后教堂古老的尖顶，民居庭院里主人们精心打造的各色花草，让小镇街道充满着浓浓的个性与腔调。伦敦以西的温莎小镇因为历史悠久且拥有举世闻名的温莎古堡，小镇街道充满着皇家气派和典型英格兰小镇宁静和闲适的特色。位于英国西南角康沃尔郡的法尔茅斯小镇（图4-4）靠近海港，弯弯曲曲的街道人车分流（图4-5），陡坡上的小屋可以俯瞰着海港的风情。而巴斯小镇不仅因为英国作家狄更斯（Dickens）在成名作《匹克威克外传》（*The Pickwick Papers*）中的描写而出名，还是简·奥斯汀（Jane Austen）脍炙人口的作品《傲慢与偏见》（*Pride and Prejudice*）的诞生地。小巧玲珑的古镇，精致而美丽。爱文河穿城而过，

图4-4 英国法尔茅斯小镇

别致优雅的水景与继承了古罗马风格的石建筑交相辉映，既映衬出乡村的优美景致和慵懒缓慢的节奏，也不失现代摩登和潮流时尚（图4-6）。

图4-5　法尔茅斯小镇人车分流的街道

图4-6　英国巴斯小镇街景

彰显街道空间的地域个性，可以归纳为以下三点设计思路：

（1）强化街道与地域的联系。在街道空间的地域特点中，气候条件是较为显性的和易辨识的因素，地形条件则更利于体现地域个性的独特性。地形条件从宏观上与街道所处的整体自然山水环境有密切联系，从微

观上与场地空间形态密切相关，是展现街道气质风貌的重要载体（图4-7）。中国传统文化讲究阴阳两极，街道气质风貌也有硬朗与柔美的区别，这种气质上的区分与地域条件密不可分。北方平原地区城镇受地形条件限制较少，

图4-7 意大利水城威尼斯

因为街道布局可以较为规整，常形成十字形或丁字形规整的棋盘式布局，街道东西南北朝向也相对明确。又由于纬度较高、气候寒冷，花木落叶时间较长，常绿乔木种类相对单一，街道景观以高大厚重的建筑为主景，鲜少植物造景。因而北方城镇街道景观多给人以硬朗、厚重和敦实的气质印象。南方平原地区的城镇街道却大不相同，由于水网密布、气候温润多雨，街道走向与水网交错，水街与路巷交织（图4-8）。街道建筑不再封闭，或廊或亭，四季植物围绕点缀其间，使得街角广场和公园生机勃勃。因而南方城镇街道景观给人以柔美、细腻和轻巧的气质印象。强化街道与地域的联系，从街道布局、建筑形态和植物造景各要素上紧抓地域的特性，必然突显街道景观的独特气质风貌。

（2）保持并整合街区肌理。相对于街道与地域的宏观联系，街道肌理是较为中观的联系。街道肌理不仅是街道的空间形态和建筑风貌，也包括细部材质。不同城市的街区肌理是不同地域的个性体现。例如，法国巴

图 4-8　中国浙江乌镇水乡

黎的道路主轴线是东西走向，平行于塞纳河，展现了法兰西开放和丰富多彩的城市风貌。副轴线则通向城市的众多广场和建筑群，轴线上串联着名胜古迹、花园广场和林荫道，星罗棋布的城市绿地也点缀其中。罗马的街道狭窄而错综复杂，紧凑的布局也毫不压抑。罗马保持着完整的城市肌理，广场是喷泉、神庙等古老建筑的集中地，代表着人们的宗教信仰。漫步在小巷中，两侧全是布置精美的橱窗，吸引行人为之驻足。街区肌理展现街道更为细腻的特性，保持和整合街区肌理，可以使街道的地域个性更为鲜明。

（3）塑造街道重要节点空间。如果说街道的地域条件和街区肌理是彰显地域个性的底色，那么街道重要节点空间塑造就是体现街道地域个性最浓墨重彩的惊艳一笔。这样的节点空间或通过极有特点的景观小品形成视觉焦点，或通过建筑空间围合、植物景观营造，形成别样的小广场，抑或以沿街建筑为媒介结合数字媒体，形成街道动态表皮，不论哪种形式的节点空间塑造，都是街道中最引人入胜的亮点。这样的亮点最能让人留下深刻印记，成为街道的独特标志，从而完整了人们对街道的感知和记忆。

女性在对街道方向识别中往往以标志物作为参照点。加拿大莱斯布里奇大学的神经学教授黛博拉·索塞尔为此还做了研究，通过研究证实，在研究过地图、并被询问如何到达指定的地点时，女人一般都会通过地标性建筑和左、右转来描述方向，而男人则更愿意使用东、南、西、北来描述方向，使用分钟或公里来衡量距离。街道地域个性正是街道特立独行的"标志物"，它不仅能成为人们认知环境的标志参照点，兼顾男性和女性的共同需求，而且能为街道环境带来新的活力与生机，使人们在带状街道游走时，产生新的视觉兴奋点。因而有场所感的空间形态和有显著特点的景观标志物更能提高女性群体在街道空间中的可达性与流动性。

二、女性视角下城镇街道景观的更新之策

（一）把握街道景观过去、现在与未来的对话

在《女权主义城市：在男性建造的城市中声张空间权利》一书（图4-9）中，女权主义城市地理学家莱斯利·克恩（Leslie Kern）从城市空间的性别层面入手，运用交叉性女权主义视角，分析一刀切的城市规划建设如何加剧了社会性别不平等。书中提到女权主义城市实际上是一个对所有人更好的城市，因为女性了解被城市规划排斥的体验，所以她们采用这种更全面、更具有包容性的方法来进行城市规划，创造一个不是仅以成年健康男性主体为中心的建成环境。将莱斯利·克恩鸟瞰城市的视角聚集到城镇街道，街道的景观营造也需要以一种更为包容、更为全面的、更为人性的观念去营造。这里的包容、全面和人性指的是站在时空的广义视角下，回望

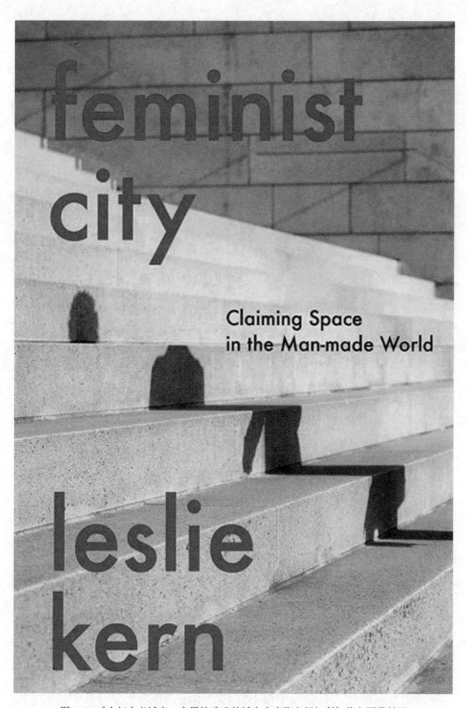

图 4-9 《女权主义城市：在男性建造的城市中声张空间权利》英文原著封面

过去、关注当下又展望未来。

1. 街道景观回望过去

传统历史街道自身承载的历史文化、人文传统，像一道让人无法回避的强光，投射在街道的每处角落。虽然随着岁月的洗礼，这些历史的皱褶痕迹显得与现代化的城镇有些格格不入，但它们是一种人文精神的象征和文化的韵律，是城镇不可磨灭的文脉。街道景观对历史的回望，是让存旧的情怀能尽情舒展，同时又得以续写新的篇章。街道景观更新中展现历史人文，可以从以下几个方面得以实现：

（1）从街道界面设计中，通过材质、形式、肌理、色彩等要素，体现传统历史风貌。不同地域、不同历史时期的街道建筑风貌是最可识别性的风貌营造载体，作为街道的垂直界面，对街道风貌的影响面也最大。因而传统历史街道景观的更新着力点也应在沿街建筑立面风貌的更新上。

（2）从街道景观小品设计中，通过结合历史文化墙、文化雕塑等公共艺术品，建立历史文化地标，激活人们对街道历史文化的认同感。不同历史文化主题的景观小品犹如凝固的历史文化故事，将人们对过往的种种猜想以最直观、最形象的手法展现，增强了人与历史、人与文化的互动。

（3）从街道绿化设计中，通过街道灌木、乔木、观赏花草、行道树的组织，营造供人休憩、观赏和停留的空间。尤其应对街道环境中原有树木花草加强保护，一方面，有利于街道生态环境的可持续性发展；另一方面，一树一花也是街道生活记忆的延续。

街道界面设计犹如街道"硬实力"，街道景观小品和绿化设计犹如街道"软实力"。它们有机结合，相映生辉，细致、生动地诠释街道历史文化（图 4-10）。

2. 街道景观关注当下

街道景观能让人在脑海中留下深刻的印记，并乐于穿行其中，很大程度来源于街道的活力。北宋画家张择端描绘的《清明上河图》，以长卷形式、

图 4-10　杭州南宋御街中街道绿化与水景的结合

散点透视生动展现了中国北宋都城汴京的城市面貌。画面中屋宇鳞次栉比，街市行人摩肩接踵，有沿街叫卖的摊贩、有驻足观望的游人、有做生意的商贾、有看街景的士绅、有身负背篓的行脚僧人，有问路的外乡游客……形形色色，一派生动又鲜活的繁华街景。可见具有活力的街道离不开有人参与的生动画面，离不开具有日常生活气息的场景。街道景观的更新需要关注和保留日常生活场景，从而激发街道的活力，延续当下时代风貌，这样的街道景观更新也更接地气（图 4-11 和图 4-12）。街道景观更新关注当下，可以通过以下方法实现：

（1）包容各种生活活动。这些活动也许是感性的、随机的、不规范的，但它们真实体现了生活气息，不能为了"面子工程"去抹平生活痕迹，为了追求高大上而清除烟火气。

（2）与街道使用者共鸣。街道景观更新的最终受益者是街道的使用者，因而更新首先要能反映他们的诉求，同时也需要他们的参与。将街道的使用者融入街道景观更新的实践中，才能使街道景观更新后呈现的生活态与使用者日常生活轨迹自然融合，并实现可持续地长期维护。

（3）将生活融入街道空间美学。街道空间美学与街道生活密切相关，是生活见识与审美之思的融合。街道景观更新正视街道生活之美，以长期的、缓慢的、迭代的方式，去营造当下的街道景观风貌，让街道景观风貌更具动态、活力和生命力。

3. 街道景观展望未来

1997 年，吕克·贝松执导的科幻电影《第五元素》上映，故事发生在 2259 年的未来纽约。电影中让人印象深刻的一个场景就是无数的出租车在高楼林立的城市半空中行驶，场面惊险又刺激。虽然科幻电影对未来都市生活的设想在如今还没有成为现实，但人们对于未来街道交通方式的探索却从没有停止过。据《飞行国际》2019 年 8 月 22 日报道，德国城市空中飞行器开发商 Volocopter 公司推出了第一架电动垂直起降（e-VTOL）飞

图 4-11　英国女性喜爱的街头景观装置

图 4-12　伦敦趣味街头景观（Carlo Stanga 绘）

　｜　女性视角下城镇街道景观的传承与更新

机，这款双座的空中出租车名为"Volo City"，实现了街道交通从 X 轴、Y 轴向 Z 轴的转变。如果说由清洁无污染高容量的电池技术作为动力支撑的空中出租车还是仅为少部分行人服务的话，那么美国高线公园（High Line Park）项目则是将一个废弃近 30 年的高架铁路货运专用线，通过景观改造使其成为城市中供人们休憩、观光和漫步的新的街道空间景观。这个将公园区域与社区、街道以及城市融为一体的公共空间，兼备了牢固性、简洁性和美观性的设计，给人们提供了一个崭新的与城市空间交流的平台和视野，人们可以在这里眺望并沉浸于周围开阔的城市景观。

街道景观是人类社会生活的缩影，不可能从时空上割裂它与人类过去、当下和未来的联系，也不能从人群类别上区别对待，加剧社会的不平等。女性视角下的城镇街道景观更新犹如人类给自己一次重新审视自身的机会，从城镇细微空间入手，以更为平等、包容、全面的姿态去呵护街道每个角落，去温暖不同人群。

（二）兼顾弱势人群在街道中的空间需求和切身感受

目前的街道公共空间在功能设置、景观营造等方面仍存在一定的盲点地带，差异化的人群需求无法满足。女性以及老人、儿童和残障人士在心理上渴望交流、需要认同、依赖性强、情感丰富和安全感弱等；生理和年龄上的不同，又使他们在选择活动空间时存在很大的差异。城镇街道景观更新设计亟须满足他们在街道中的空间需求和兼顾其切身感受，打造出更加均好性、多样性、安全性和舒适性的街道景观。通过去中心化、去轴线化等设计手法消除空间权力，探讨将社会平等、文化多样与参与民主结合起来的可能性，重塑街道环境的公平正义。

1. 重塑安全与可交往的街道景观

据调查显示，女性对于街道公共空间使用的不安全感远远高于男性，因而减少了使用频率。法国学者哈梅内赫（Khameneh）在《城市公共空间中的妇女社会安全研究——以马什哈德大都会为例》一文中提到在法国街头调查发现，将近 1/4 的女性由于害怕公共空间中的暴力与犯罪行为，都有对公共空间回避的行为。而这种回避型行为意味着女性减少了公共空间中的交往与休闲行为，对女性的就业、社会参与度产生了极大的影响。假使一部分女性因为不安与焦虑避免使用这些公共空间，那么这些公共空间必然会形成更多不利于大部分女性使用的因素，从而造成空间的性别隔离。公共空间的安全性不仅影响公共资源的配置，还影响公共空间中的多样性。不安全的公共空间无形中挤压了弱势群体的社交、就业、教育等资源，阻碍了他们的生存与发展，从而产生诸多对于社会不稳定的因素。这就要求街道景观空间设计上需试图消除女性对空间的恐惧，摒弃公共空间中不确定性带来的安全隐患，使空间更加安全、更具亲和力、更加满足需求，增强女性的可进入性和可交流性，创造安全与交往的街道环境。

安全和可交往的街道景观可从以下三个方面着手来实现：

（1）从地面铺装材质和尺寸上体现街道交通空间的安全。在街道交通空间景观设计时，需要充分考虑到女性的行为习惯与尺寸。如女性常与友人、家人结伴出行，在步行空间中需要有容纳母亲与婴儿车的坡道；地面材质与平整度需便于高跟鞋行走，其有效宽度需容纳多人同时行走；同时，停车位需为婴儿车留有空间。

（2）从街道照明的布局和照度上保证良好的交通空间（图 4-13）。白天和夜晚出现在街道的女性数量是一个体现街道活力、城市安全与城市宜居性的指标。在街道环境中提供充足的灯光照明与清晰的视野，能让女性在第一时间观察到空间环境，也为城市监控系统提供良好的条件。空间的围合程度、植物景观是否有视线遮挡、门廊的可视性、是否有死角空间与定期维护的防护设施，都在很大程度上决定了街道景观的安全与否。

（3）通过街道景观构筑物体现街道的可交往性和人性化，照顾到女

图 4-13　英国伦敦某住区利用建筑外墙上的壁灯进行道路照明

性特有的心理感官及细腻、敏感的特质，设置有认同感的友好型休闲空间。例如，防灾与躲避特殊气候的场所，一方面可以通过营造足够的疏散、中转、消防空间，直接或间接地提高女性的公共空间安全性；另一方面，造型别致的景观构筑物也为女性提供交流的围合空间。当然，景观构筑物的造型设计是既要适当考虑应对特殊气候的防护，又要考虑形态、材质和尺度满足视觉审美和安全通透的要求。如我国东南沿海地区长期处在高温多雨的气候环境中，则可利用廊道、挑檐等灰空间，促进空气流通，遮挡雨水与烈日；北方寒冷大风的地区，如半封闭式的候车亭，既能保障女性候车时的休息需求又能保暖防风，同时运用透明的亚克力材质，加大围合空间的通透性，保证女性安全。

2. 再造便捷与舒适的街道景观

街道景观设计将更平等地考虑弱势群体的可达性，主要通过交通组织的完整性、指引性和无障碍实现，例如慢行系统规划，标识引导系统完善性兼顾弱势群体的生理特性，从展示高度、展示方式多方面考虑。也要避免单纯为某类弱势群体而做的景观设计，因为基本无法达到公共的目的，要融合不同人群使用。在巴黎，经常可以看到为了满足步行者长时间停留、聚会而设置的街头广场、绿地、小型游乐场等一系列公共空间。这些地方不只是被动地满足了人们的需求，设计师还通过对这些场所的主动设计，形成了吸引人们驻足停留、促使人们相互交流的富有趣味的活动空间。

街道景观设计还应更多地考虑弱势群体使用的行为活动尺度特征和心理特征，例如，针对高龄群体的生理状况进行的设计应该避免台阶、坡度等需要登高的空间。城市化建设促使不少大城市主干道路越来越宽。老年人腿脚不是很利索，过马路时行动迟缓，等右转车辆过完再横穿马路，没走出几步，红灯就亮了。在宽阔的马路上，我们总能目睹这样的场景：老人战战兢兢地站在滚滚车流之中，想过又不敢过。在巴黎，很多主干道的中央分隔带往往宽度都在 10 米以上，并将其设计成中央步行景观带

图 4-14　设有中央停靠带的街道

（图 4-14）。通过树阵、步道、休憩广场、座椅和低矮且丰富的灌木绿化等景观设计，既为行人提供良好的步行空间，也丰富了道路内容，更为行人跨越主干道提供过渡等待场所，保证行人过街安全。

街道环境中关怀弱势群体空间的缺失并非单凭设计"女性专享""老幼专享"空间就能解决，需从社会制度、历史结构、文化风俗、政治制度等多方面因素综合分析并改变。应从女性视角重新审视空间，尝试消解过度权力空间，重塑空间秩序，寻求真正的空间正义。

（三）创新城镇街道景观"微更新"方法

2012 年 2 月，时任住房和城乡建设部副部长的仇保兴在国际城市创新发展大会上首次提出"微更新"的概念，提出"小而美，小就是生态"的观点，倡导城市建设告别大拆大建的建设模式，通过微小的改造，使环境呈现出焕然一新的活力。2015 年，上海市人民政府印发了《上海市城市更新实施办法》。2016 年，"行走上海 2016——社区空间微更新计划"的首批 11 个微更新试点项目全面启动，标志着城市更新逐步从以城市用地再开发为主导的粗放型建设，向关注小微空间品质提升与功能复兴的精细化治理转型。不同于建筑外立面粉饰、店招标牌整治以及架空线缆入地等的城市美化运动，城市"微更新"是将目光从城市大面积、大规模的环境改造转向精确的、小规模的实践性操作来"治疗"城市中大规模、整体性的问题。街道是城市的重要空间脉络，也是凝聚人流的重要载体，街道景观的营造也需要与城市建设的思路与方向保持同频共振，从街道界面、街道交往空间、街道绿化、街道设施、景观小品等景观要素，实现"小而精，微而美"的微更新策略。

1. 梳理街道界面，突出街道可识别性

对街道界面的理解，可以从街道空间的角度理解为建筑界面，这样就

比较狭义地理解为建筑的沿街立面；也可以从人车分流的角度理解为除车行道外的场地界面，这样就更广义一些，包含了人行道的道路界面和建筑界面。这些街道界面围合的空间与人的关系更紧密，界面更利于人群识别、记忆，从而使人对街道景观产生更为浓厚的情绪乃至情感。

原本单调的线形人行道路界面，可以通过将直线的步行道向建筑的退界区扩出一些空间，使步行空间有所变化，同时增加街道公共设施和服务设施空间，给行人提供休憩的场所。人们青睐这样一些有边界的小空间，更愿意在空间界面丰富的边界和角落停留和休息。在安全性获得保障的前提下，空间界面越丰富，人们就越喜欢在此停驻。也可以利用街道底商及建筑退界区形成宽阔的人行空间，结合底商业态，合理组织行人的通过空间和商业的外摆空间，创造出沿路的开放式商铺或咖啡馆，丰富街道空间界面，提供人们享受明媚的休闲阳光的机会。

对沿街建筑外立面改造的粗陋手法屡见不鲜，或粗暴"变脸"，缺乏系统思考和规划，使得沿街建筑形象生硬，与街道风貌格格不入；或盲目照搬"经典"，丧失街道的个性和特征，变成"网红脸"。建筑表皮式的"微更新"，不同于推倒重建或"建筑化妆"，它充分尊重原建筑的历史文化与形式逻辑，不仅在功能上配合建筑空间，也传承城市的文化内涵，具有经济型与可操作性。西班牙马德里凯撒广场文化中心（Caixa Forum, Madrid）位于西班牙马德里市的潘多拉大街中段，前身是一座电力站，是马德里市旧工业建筑的代表之一。电力站建筑的主要形式为传统的砖墙双坡屋顶。设计师赫尔佐格和德梅隆在尊重城市文脉的前提下，运用新的建筑语言诠释当代文化的特征。面对周围的历史保护建筑，设计师认为原建筑中最有历史价值的砖砌墙面应该得到完整的保留。设计师以周边建筑的屋顶形态和自身屋顶庭院为依据，对增建体块做相应的减法切割，以便满足建筑内部的采光和观景需要，同时与周围建筑共同塑造了完整的传统街道肌理（图4-15）。在建筑外墙材料的处理上，设计师将原先的灰砖处理成粉红色，同时用一种颜色更浅的新砖来填补原砖墙残缺和窗洞之中的空缺位置（图4-16）。这样保留了新增材料的痕迹，让人们可以细细体味历史的遗迹。改造后的新墙面整体与周围建筑在色彩上十分和谐，也让行人

图4-15　西班牙马德里凯撒广场文化中心

图 4-16 凯撒广场文化中心外墙肌理

可以清晰品味它的生命历程。

2. 强化交往空间，尊重人的各项需求

体现城镇街道生活品质不在街道车行空间，而在街道慢行空间。街道慢行空间是人近距离体验城镇生活，感受空间魅力的重要载体。街道慢性空间和停驻空间都是促进人们交往的重要场所，也是场所精神的体现，是街道重构独具魅力不可或缺的部分。扬·盖尔在《交往与空间》中将人的户外活动分为三种活动类型，即必要性活动、自发性活动和社会性活动。街道交往空间从人的活动需求出发，针对不同功能空间的特性进行更新设计。通过组织小而精的开放空间，减少空间资源的闲置，与城市其他活动共享开放的户外空间有机结合（图4-17）。例如，打开商业广场及办公楼宇外侧与街道的联系，形成一系列缤纷而各具特色的可逗留的"口袋公园"，通过景观小品等进一步增强艺术气息，并策划一些定期活动使街道充满人气。2016年，中共中央、国务院下发了《中共中央　国务院关于进一步加强城市规划建设管理工作的若干意见》，提出推广街区制，破除"围墙意识"，实现内部道路公共化；通过改善高大围墙的硬性分割，形成有层次的交往空间；开放一些公共服务设施，实现街区的开放性；增强公共绿地的可进入性，满足开放共享的需求。

街道交往空间在空间形态更新的同时，一些微观细节设计也可以极大提升人们对街道的满意度。例如，街道人行道的地面铺装设计应保证平整、质感细腻、肌理清晰、色彩明快，给行人行走提供舒适体验，尤其是孕妇、老年人及残疾人；通过街道视觉指示系统的设计，提醒司机适当控制车速；用鲜明的色彩和标识隔离机动车和非机动车，划分安全连续的自行车道；用景观小品或植物造景突出公共空间的位置，便于驾驶者和行人去往目的地。在人行道宽度较窄区段设计自行车停放设施，应以不牺牲行人步行体验为准则，体现"以人为本"的思想。

图 4-17 带有照明景观和绿化景观的街角空地，成为中老年妇女们跳广场舞的绝佳之选

3. 优化街道绿化，重视审美与生态

当前城镇街道绿化的基础条件尚可，但容易忽视街道绿化在优化街道空间形态、提升街道视觉环境形象和调节环境小气候、城市雨水径流上的重要作用。

街道绿化更新可以通过多种方式增加街道绿量，优化植被结构，发挥街道遮阴、滤尘、减噪等作用。街道绿化的形式比较多样，除基础的行道树、沿街地面绿化外，还有垂直绿化、街头绿化、退界区域地面绿化、盆栽、立面绿化、结合隔离设施及隔离带形成的绿化等。街道绿化的布局方式要结合街道空间形态、功能属性进行合理设计。例如：宽度小于20米且沿街建筑界面连续的街道，可采用较高密度种植中小型树木，或采用大的种植间距种植高大乔木；东西向街道南侧连续界面时，只在北侧种树，这样日照和树荫才能都得到满足。

街道绿化更新也可以通过增加现有植物组团形式以及植物的造景方式，形成移步换景的景观效果。沿路绿化宜选择本地植栽，选择花木及色叶植物，增加景观层次性、色彩多样性和街道识别性。街道绿化种植应利用不同的植物不同的形态特征进行对比和衬托，注意纵向的立体轮廓线和空间变换，做到高低搭配，起伏相宜，对不同花期花色的植物相间分层搭配，营造丰富多彩的街道植物景观（图4-18）。鼓励有条件的街道连续种植高大乔木，形成林荫道，提升休憩空间品质。

图4-18　法国尼斯街景绿化

街道绿化更新还可以通过采用透水路面、生态草沟等对雨水径流进行控制，在街道绿化中融入海绵城市的理念。透水路面是具有较多孔隙和滤排水结构的低影响开发设施，它可以减轻道路排水系统的负担，消除路面积水，增强道路路面抗滑能力，提供安全、优质的步行路面等。生态草沟也称植草沟，是指种植植被的景观性地表排水沟。地表径流以较低流速经生态草沟滞留、过滤和渗透，可以将雨水径流中的多数悬浮颗粒污染物和部分溶解态污染物有效去除（图4-19）。街道的平面与立面景观种植结构设计以及植物的配置，除考虑美学效果、人的行为与交通安全需要、景观植物的环境物理效能外，还应重点考虑生物滞留池等雨洪处理设备内配置的植物的特性。雨洪处理设备的植物，要求有较强的耐较大水文环境变化的能力，并要求有截留与去除地表径流污染物的能力。在平面布局上要形成防冲刷空间、物理过滤空间和径流汇集下渗空间。

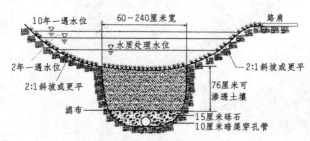

图4-19 典型植草沟断面图
（图片来源：李强.绿色街道：理论·方法·实践［M］.北京：中国建筑工业出版社，2020。）

4. 组合街道家具，提升街道艺术及智慧氛围

街道家具的设计应精致而富有创意，它不仅丰富了街道视觉观感、增强了行人使用趣味，而且也展示了城镇街道的形象和文化内涵。街道家具是城镇精细化发展的产物。早在20世纪60年代，英国率先提出了"街道家具"（Street Furniture）的概念，主要指环境设施和景观小品等，包括街道休息座椅、公交车候车亭、交通标志牌、道路指示牌、广告牌、城市雕塑和儿童游乐设施等，其功能主要是为了满足街道使用人群的休憩、照明、通信、信息以及审美等需求。由于是用于户外，在设计选型上应选择耐久性好、集合性强的组合型城市家具。这样的组合型城市家具可以通过模块化设计，简化工序，降低成本，易于实现产品的互换性和标准化。同时由

于要便于不同空间和人群的需求，组合型城市家具可以通过采用一些轻巧的外观造型和选择一些密度较小的材料来实现。最重要的是，放置于街道的城市家具往往会产生新的功能，例如聚集人们的视线、联系人们的交往或形成交通的标志等，这些都会对城镇形象的塑造起到重要作用。在无形中将"美"的种子播撒到每个人心中，潜移默化中引导着市民对美好生活的审美情趣。

随着人们对城镇环境品质的要求的不断提高，街道家具也慢慢由街道景观的配角，转变为集智能化、创新性与模块化为一体的智慧街道的亮点（图 4-20 ~ 图 4-23）。例如，智慧生态座椅采用近 200 株高效吸附力的藤蔓类常绿植物，绿化面积约 10 平方米，内置环境数据传感器、智慧控制器和滴灌及补光设备，自动检测周围空气温湿度、$PM_{2.5}$、PM_{10} 等各种环境数据，远程智慧控制浇水、补光、施肥等养护工作。生态座椅同时也安

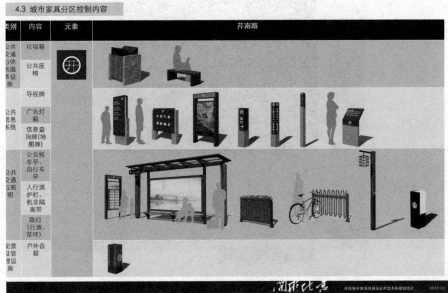

图 4-20　浙江开化街道家具设施设计

图 4-21　伦敦街头公厕

图 4-22　可移动式智慧生态街椅

　　女性视角下城镇街道景观的传承与更新

图 4-23　伦敦街头多功能合一的街道设施

装了 LED 节能灯泡，配置 4 个手机充电接口，以及储物箱和垃圾桶。实现了绿植景观与公共座椅相结合，智慧技术与生活休闲相结合，是人们对多元化、复合化生活的新追求。

（四）提倡城镇街道景观"柔性管理"理念

在城镇的街道上可以经常看到一些分隔栏杆，比如隔开机动车和非机动车的隔离栏杆，分隔开人行道与车行道的交通道路隔离护栏。不少城镇从美观考虑，还对街道隔离栏杆进行了一些美化的处理。隔离护栏的作用本来是分离相向行驶的车辆，防止行人随意乱窜，减少交通事故的发生。但近年来，车撞上护栏，护栏插入车体内导致人员伤亡的事故屡见不鲜；道路交通隔离护栏卡人致死看似不可思议，但此类事件却已在全国多地新闻媒体中有过报道。隔离栏杆被众多网友戏称为"死亡栏杆"，不由得让人反思，强制性的刚性管理如果收不到预期的效果，甚至是反向效果，那么是不是应该转变思路，化刚为柔呢。

柔性管理是相对于刚性管理提出来的。柔性管理以研究人们心理和行为规律为前提，指在管理中采用非强制方式，在人们心目中产生一种潜在的说服力，从而把组织意志变为人们自觉的行动，最终达到管理效率的提高。马斯洛的需求层次理论将人的需求分为生理需求、安全需求、社会需求、尊重需求及自我实现需求 5 个层次。赫兹伯格（Herzberg）的双因素理论也指出，为维持生活所必须满足的低层次需求（如生理需求、安全需求、社交需求等）属于保健因素，而被尊重和实现自我的高层次需求则属于激励因素。柔性管理的最大特点，在于它主要不是依靠外力，而是依靠人性解放、权力平等、民主管理，从内心深处来激发每个管理对象的内在潜力、主动性和创造精神。

街道景观一方面通过营造宜人、舒适的环境来满足人们的需求，另一方面也可以通过艺术的、柔性的设计去引导人们的行为，这样一种潜移默化的感染和引导，可以从更深层次激发人们对健康美好幸福生活的追求，从而自觉抵制不文明、不规范、不健康的行为。从街道管理方法上来讲，"好心办坏事"的道路隔离栏杆是把"堵"作为了解决问题的方法，而不是"疏"。隔离栏杆的存在，其根源是因为交通规则和行人准则没有深入人心，解决好司机和行人对交通法规的忽视问题，才是至关重要的。这就需要一方面做好法规宣传和文化引领，另一方面通过街道景观设计引导人们去自觉遵循规则，避免交通事故带来的危险。伦敦交通局于2004年发布了《伦敦街道设计导则》，该导则作为"更好的街道"计划的一部分，对伦敦市区的街道项目具有重要的引导作用。英国伦敦交通局研究发现，人行地道、人行天桥和护栏被视为防止人们穿越交通期望线的刚性设计，不符合交通期望线的原则；调查还发现过度限制行人的步行行为会促使人们闯红灯或横穿道路，引发交通事故。因此伦敦交通局在现有的人行地道上方寻找同水平线过街的解决方法，过街设施必须被设置在符合交通期望线原则且方便到达的位置。这意味着过街设施不一定被设置在道路交叉口，设计师必须依据观测到的行人习惯路线进行设计，而不是安排行人的行走路线。《伦敦街道设计导则》中提到，虽然过街点设置可以改变人们的交通期望线，但却不能改变行人的整体活动路线。因此，伦敦交通局要求尽量避免在设计中出现改变行人路线的护栏。从这些细节中也体现了英国街道管理的理念，即遵循人的行为规律，尊重人的心理诉求，以人为本的柔性管理方法。

著名管理学家陈怡安教授把"人本管理"提炼为三句话：点亮人性的光辉；回归生命的价值；共创繁荣和幸福。城镇街道是为人服务的空间，是人本城市的一部分，也理应遵循"人本管理"的理念，由刚性管理逐步转变为柔性管理，让城镇街道更有温度，更显温情。

三、新型城镇化背景下城镇街道景观设计思考

（一）"双林新语"——义乌佛堂双林街道景观设计

1. 佛堂镇双林路街道原貌

（1）区位分析。佛堂镇隶属于浙江省金华市义乌市，位于浙江中部，义乌市南部，是中国历史文化名镇、全国25个"经济发达镇行政管理体制改革试点"。作为浙江省首批"小城市培育"试点，佛堂镇在继承古镇风貌的同时，也亟须树立城市发展的新貌。双林路所在片区属于佛堂的中心区域，承载着塑造新时期佛堂"门户形象"的重任，也串接起古镇历史街区与双林景区的过渡空间，双林路更是通达双林景区的必经之路。因此双林路街道建筑景观需要既体现"双林文化"，又展现"佛堂新风"。

（2）街道景观现状分析。双林路原有街道景观缺乏景观视觉引导，无明确的景观构筑物、景观小品、景观节点与景观轴线，导致城市地域特色缺失、景观风貌杂乱，无法体现佛堂整体特色（图4-24）。需要通过带有地域特色的景观小品和景观节点空间来烘托街道新貌。

临街建筑大多为20世纪90年代所建，下商上宅。欧式风格建筑显得与整个古镇风貌格格不入，但建筑品相较新；中式风格建筑有明显的地域文化特色，但品相参差不齐。沿街建

筑立面缺乏节奏变化，完全连续性界面使建筑立面平淡乏味，街景单调。沿街建筑普遍存在底层商铺广告牌和店招杂乱安放、上层住宅防盗窗和外挂空调随意设置的问题，形成"补丁式"外墙，对建筑立面影响很大。需要对建筑立面进行优化更新设计，从风格、材质、色彩等方面进行全方位改造。

图 4-24　浙江义乌市佛堂镇双林路街道景观改造前风貌

2. 尊重传统文脉的佛堂双林街道景观设计理念

（1）景观元素来源传统文化和当地特色。通过对佛堂当地传统文脉的挖掘，将代表性传统建筑构件，如马头墙、墀头、木格窗加以演绎，重新组合，寓意新时期的新风尚（图4-25和图4-26）。同时，将传统语汇和现代感的公共设施有机结合，复古以创新。街道铺装设计上采用高水准的铺装形式和体现地方特色的石材，并用色彩的不同来区分街道空间，如街道步行区、景观节点区。铺装的石材宜以自然为主，局部可采用青砖地并组合成各种图案、代表佛教意境的莲花造型地铺等手法，体现佛堂地方文化。

（2）塑造街道景观"点、线、面"空间（图4-27）。以一定尺度的景物作为的"景观焦点"，沿路景观构筑物形成的"线形景观"，以建筑立面为底景的"面状围合空间"，共同形成带有强烈地域特色的街道景观。

图4-25 改造前后沿街建筑比较（一）

图 4-26　改造前后沿街建筑比较（二）

　　整体街景改造结合城市空间，设计了两个景观节点，分别是以西侧双林路与江东路交接的"古城景观节点"和东侧双林路与稠佛路交接的"新城景观节点"，完成从老街到新区的景观空间转换。沿街建筑立面改造设计，以表皮装饰外墙方式围合结构，更新建筑风貌，梳理建筑肌理，形成建筑风格与街道环境的自然统一。

　　（3）城市 CI 理念运用于景观形象识别系统。城市 CI 是由企业 CI 延伸出来，是将企业 CI 理念嫁接于城市规划与设计中形成的一套完整的城市形象识别理论系统。它主要用来处理城市的公共界面，如广场、街道、滨江滨河滨海地带、公园和绿地等城市景观，大至城市或街区，小至建筑或软硬质景观。根据佛堂古镇形象特色资源，提取镇区物质要素（佛堂当地建筑传统形式，如屋顶、五花马头墙、墀头、门窗、木格栅）和精神要素（商贸文化、佛教文化）作为设计要素和形象识别系统的构成要素（图 4-28 ~ 图 4-31）。

图 4-27　双林路街道景观空间的"点、线、面"营造

｜ 女性视角下城镇街道景观的传承与更新

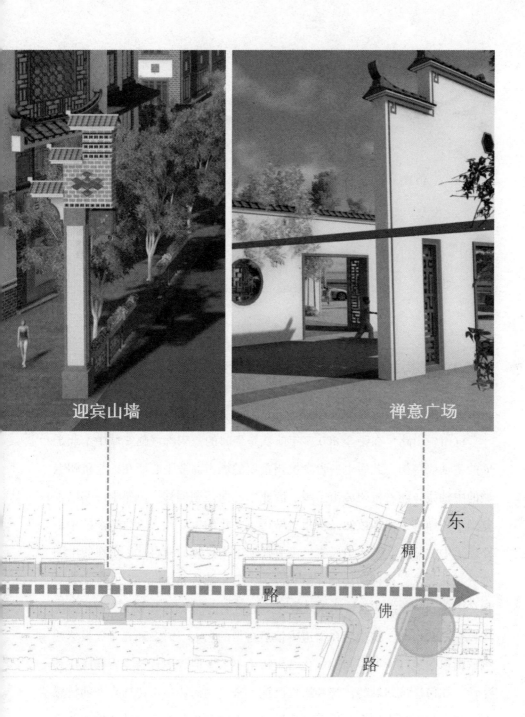

迎宾山墙

禅意广场

东

稠

路

佛

路

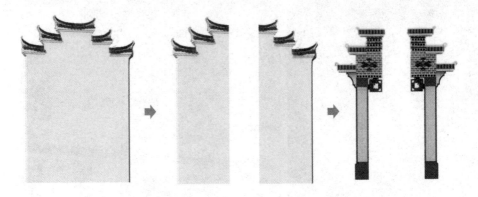

图 4-28　街道景观小品中的视觉识别要素

（二）"御街复兴"——杭州南宋御街景观设计

1. 杭州中山路街道原貌

杭州中山路早在距今 800 多年前就是当时的南宋都城临安城中南北走向的主轴线御街，此后也一直是杭州重要的城市商业中心所在，是杭州老城的中轴线。随着杭州城市发展，商业中心向西湖偏移。虽然中山路已不复当年的鼎盛，但却依然是杭州老城历史文化的重要代表。改造前的中山路街道中的原有建筑历史风貌已没有任何南宋风貌的遗存，历史风貌中一部分是从清末到民国的民居建筑和商铺，另一部分是 20 世纪 20 年代为迎接孙中山到访，按照西洋建筑风貌改造的沿街商铺（图 4-32）。与街道历史风貌相映衬的，是生活在街道中怡然自得的老人、妇女和儿童。虽然残旧的街道建筑环境似乎与现代化城市格格不入，但却适合这类人群居住和生活。如何让杭州城的传统和历史沉淀下来，如何让城市传递真实的情感和记忆，如何让人们在此乐居、乐游，是中山路更新改造设计工作的总设计师王澍一直在思考的问题。

图4-29　双林路街道景观设计效果图

图4-30　双林路街道景观改造后实景（一）

女性视角下城镇街道景观的传承与更新

图4-31 双林路街道景观改造后实景（二）

图 4-32　改造前的杭州市中山路

2. 倡导人文复兴的南宋御街景观设计理念

南宋御街南起今万松岭和凤凰山脚路交叉口，经鼓楼、中山中路、中山北路到凤起路、武林路交叉口一带，全长约4185米。王澍提出南宋御街"城市复兴"设计概念，期望复兴城市文化，守护城市灵魂。

（1）"宽窄得宜"的尺度控制理念。首先，王澍设计团队发现中山路自1927年改造以来的宽度一直只有12米，12米的宽度是最适合步行的，是最适宜产生舒适的城市气氛的宽度（图4-33）。但城市规划却计划拓宽到至少24米，这样过于开阔的街道，就会失去步行最舒适宜人的尺度。所以王澍提出，坚持原有的街道宽度，对于局部已被拓宽的街面，通过把一系列新的两层左右的小建筑建在沿街大楼前面，以实现把街道变窄，营造出尺度舒适的街道空间（图4-34）。其次，王澍较好地保留了原有的御街断面形制。南宋御街当时是效仿北宋东京市中心的御街而建，中间为主（御）道，为皇帝出行专用，两侧为辅（行）道，可供市井百姓摆摊做买卖，辅道之后是御廊，并在御廊和辅道之间用御沟隔开。更新改造后的街道通过流水、植被和叠石相结合的水景、别致的坊墙、不同形式的路面铺装，有效丰富了街道空间层次，塑造了宜人的街道空间尺度（图4-35）。

图 4-33　御街中的宽街

图 4-34　御街中的窄巷

图 4-35　南宋御街中宜人的街道空间

（2）"新旧夹杂，和而不同"的建筑改造理念。对街道建筑的设计处理采用"新旧夹杂，和而不同"的理论。"新旧夹杂"中的"旧"，是对所有旧的建筑都进行坚决的保护，按所见的不同年代的真实状态、按生活对它的真实影响去保护，而不是惯常的风格化复旧；而"新"，是用中国本土的原创新建筑来加入保护历史街区，作为刺激复兴的兴奋剂。"和而不同"则是，一方面不仅做街道沿街建筑立面改造，还进行街道深度改造，完成主街两侧的小巷和院子改造工作；另一方面将杭州著名的坊巷制应用于御街空间结构，通过坊墙来营造出街道内生动的院落感（图4-36和图4-37）。

图4-36　御街中风格多样的建筑　　　　　图4-37　御街中的坊墙

（3）"方池浅水"的水景营造理念。更新改造后的南宋御街，用"方池浅水"替代了"御沟"（图4-38和图4-39）。"流水绕古街，小桥连老铺，清池围旧宅。"这是现在方池浅水的特色。在御街上，从南到北总共有13个大小不一、相互串联的方池浅水。它们分布于御街两侧，形成宽鱼骨状布局。每个相邻的方池浅水之间均用暗沟连通，使流水与老街交织成景。方池浅水多数以规则的形状出现，其面积不大，起到点景的作用。结合吴山到西湖大道有从高到低的坡度，不靠机械动力，利用自然地势引中河水，形成自然流动的水景，时而温和涟漪，时而急湍甚箭。方池浅水中种植的菖蒲、芦苇等喜水植物，形成了杭州特有的园林气息（图4-40）。

图 4-38　御街中方池浅水巧妙营造出街道步行流线

图 4-39　街道转角处水景

　｜　女性视角下城镇街道景观的传承与更新

图 4-40　御街方池浅水中的植物造景

（三）"天地之间"——北京崇雍大街景观设计

1. 北京崇雍大街街道原貌

崇雍大街位于北京东城区中部，南起崇文门，北至雍和宫桥，是东城区唯一一条南北贯通的城市要道，也是除北京中轴线之外，现存最完整的老城轴向空间。崇雍大街作为传统城市空间格局的延续，在面临现代日常生活及城市发展的需求时，衍生了各种问题：建筑风貌混乱；混行情况严重、慢行环境品质较差；街道设施繁多、缺少统一的布局；缺少优质、舒适的公共活动空间，文化彰显不足等。

2. 强调空间再生的北京崇雍大街景观设计理念

汉字"间"既是方位词，可以表达位置关系，也是名词，指某一范围的空间。"天地之间"既指连接天坛与地坛的崇雍大街，广义上也包含了大街两侧城市中的所有室外空间。以"天地之间"作为崇雍大街景观设计理念，期望构建出符合当今需求的宜居、活力、特色的旧城外部空间体系（图4-41）。

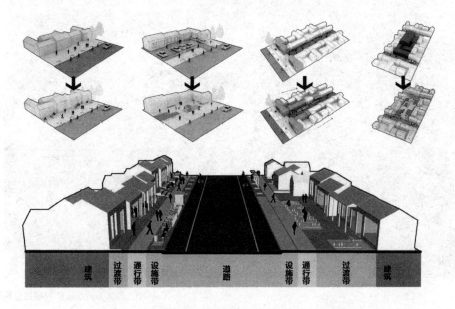

图4-41　城市外部空间策略及街道U形面空间划分示意图

（1）完善市坊间公共空间。如今的旧城空间从街市到住宅，仍延续着传统的"街道－胡同－院落"格局，但由于现代生活的功能需求，街巷的尺度、胡同的功能、合院的形态等都自发地产生了更多变体。街道通行空间保证优先路权并连续不断；建筑前过渡空间有较为明确的界定，并适当营造灰空间及外摆活动空间；节点场地适当腾退基础设施占据的硬质铺装，增加开放式绿地空间（图4-42）。通过对旧城停车空间的疏减以及违法建设的拆除来梳理胡同空间，利用腾退的小空间作为绿地或休憩空间，并通过景观元素或空间变化来起到胡同口的视觉识别的作用。院落空间中学习传统的"天棚鱼缸石榴树"，在院落打造舒适宜人的户外空间。

图4-42 "翠帘低语"节点沿路界面

（2）优化街巷间人行空间。通过腾退违建、设施三化及压缩部分道路空间等方式消除通行瓶颈，保证足够的通行宽度；通过不同形式及规格的铺装将街道划分为设施带、通行带、过渡带等功能空间，进一步明确空间功能；在小路口采用与人行道相近的铺装，优化行人路权，提示机动车减速。

植物景观营造上，在行道树不连续的段落进行补植，形成连续的绿化基底；适当连通树池或扩大种植池面积，改善现状树的生长环境；配合节点设计，增加具有北京特色的植物品种，丰富观赏层次和季节变化。

街道设施设计上，通过运用小型化、隐形化、美观化的改造方法，减少对街道空间及风貌的影响；对有功能需求的家具小品，应进行补充和完善；座椅、栏杆、花钵、标识等在内的街道家具采用统一的设计元素，保证整体风格、材质的统一。

（3）提升邻里间休闲空间。在旧城高密度的建设背景下，尽可能挖掘满足休闲功能的景观节点（图4-43和图4-44）。依据尺度大小，划分为三个类型：

图 4-43　"翠帘低语"节点廊下活动空间

图 4-44　"宝泉匠心"节点街景

①主要利用路口转角及大尺度建筑前的整块空间，结合街区历史文化，打造满足日常活动的社区公园。

②主要利用步道较宽敞段、地铁出口及部分重要胡同口，打造共居民交往、游客休憩的街边小广场。

③利用建筑立面或墙角的小空间，打造点景的街道微空间。

三种不同类型的邻里休闲空间景观营造，都需要密切考虑场地中的不同人群、不同年龄在不同时段的活动需求，体现最细微、最深入的设计思考。

参考文献

[1] 陈望衡.我们的家园：环境美学谈［M］.南京：江苏人民出版社，江苏凤凰美术出版社，2014.

[2] 姚晓彦，赵荣山，王姣姣.基于女性主义的城市空间设计新论［J］.四川建筑，2007（6）：59-60，63.

[3] 梅君艳，蒋烨."女性专享"背后的女性空间设计哲学反思［J］.装饰，2019（11）：142-143.

[4] 李立新，郑雅奇.女性安全与公共空间设计［J］.城市建筑，2020，17（22）：158-161.

[5] 白雪燕，童明.城市微更新：从网络到节点，从节点到网络［J］.建筑学报，2020（10）：8-14.

[6] 陈红.老旧社区街道景观的微更新与重构：以上海苏家屯路、樱花路为例［J］.中外建筑，2018（7）：168-171.

[7] 李强.绿色街道：理论·方法·实践［M］.北京：中国建筑工业出版社，2020：70.

[8] 上海市规划和国土资源管理局，上海市交通委员会，上海市城市规划设计研究

院.上海市街道设计导则［M］.上海：同济大学出版社，2016.

［9］ 陈跃中.街景重构：打造品质活力的公共空间［J］.中国园林，2018，34（11）：69-74.

［10］支文军，王斌.历史街区旧建筑的时尚复兴：西班牙马德里凯撒广场中心［J］.时代建筑，2008（6）：84-93.

［11］余洋，陈跃中，董芦笛.街道是谁的：从街景设计出发重构城市公共空间［M］.北京：中国建筑工业出版社，2020.

［12］黄燕.我国城市社区管理模式研究［D］.成都：电子科技大学，2003：34-36.

［13］ Michael R Gallagher.追求精细化的街道设计：《伦敦街道设计导则伦敦街道设计导则》解读［J］.城市交通，2015，13（4）：56-64.

［14］田密蜜.小城镇街道景观的特色文脉延续：以佛堂镇街景更新设计为例［J］.装饰，2014（1）：137-138.

［15］章薜妤，马军山，孔云节.历史街区的保护与更新：以杭川南宋御街为例［J］.中国城市林业，2013，11（3）：59-61.

［16］池方爱，黄炜.杭州重建南宋御街之方池浅水的功能特色探析［J］.中国园林，2015（10）：112-116.

直到女性景观设计师的出现，景观设计行业才从最初的低谷走出。

——美国女性景观设计师先驱之一艾伦·希普曼（Ellen Shipman）

第五章
展望：她风景·共舞·未来

一、女性景观设计师们那些打动人心的景观作品

虽然时代在不断发展，两性平权意识也在逐步得到重视，但在男性主导的世界里，女性想在职业和学术领域中占得一席之地，却绝非易事。尤其在由男性主导的景观设计领域中，女性设计师更是寥寥无几。但总有一些女性鹤立鸡群，不知疲倦地活跃在世界景观设计研究与设计实践的舞台上。她们用女性独有的敏锐视角、感性思维和审美趣味，彰显出洞察人心的"她智慧"，营造出动人心弦的"她风景"。

（一）卡罗·约翰逊

卡罗·约翰逊（Carol R.Johnson）出生并成长在美国新泽西州，纽约市的奥姆斯特德公园（the Olmsted Park）和博物馆是卡罗·约翰逊童年时经常游玩的地方，马萨诸塞州的美丽海岛、玛莎葡萄园（Martha's Vineyard）和佛蒙特州郁郁葱葱的山林度假生活也给她留下深刻印象。在

马萨诸塞州的韦尔斯利学院（Wellesley College） 卡罗·约翰逊完成了大学四年的学习，随后又成功申请了哈佛大学风景园林系的研究生。就读于哈佛对卡罗来说是一段很有意义的人生经历，教授们都鼓励她从事景观设计的工作，使她更加努力。1967年卡罗与"剑桥七人建筑事务所"（Cambridge Seven Associates）的建筑师们一起迎来了第一个重要项目，设计蒙特利尔世博会（The Montreal Expo）的美国馆（图 5-1）。1982 年，卡罗负责设计的第一个美国大项目——华盛顿特区的约翰·马歇尔公园（The John Marshall Park）（图 5-2），她是项目会议上唯一的女性。这个纪念美国联邦最高法院首席大法官的公园基址抬高了几英尺，但她的设计与坡道相连，仍然方便残疾人游览。她把马歇尔的雕像放在最上层，而将一个开放平台放在底层供人们聚集并观看游行。卡罗随后设计了位于马萨诸塞州剑桥市的约翰·肯尼迪纪念公园（The John F. Kennedy Memorial Park）。总统的

图 5-1　1967 年蒙特利尔世博会的美国馆

女儿卡罗琳·肯尼迪（Caroline Kennedy），参加了公园设计讨论并谈了她的见解。园内设计树木引导游客到喷泉，水流淌过雕刻有肯尼迪总统演讲词的花岗岩石板和一块用盲文刻写的匾额，让盲人游客也可以读到总统的演讲词。1989年，《波士顿妇女》（*Boston Woman*）杂志颁发了一个特别奖给100个波士顿有趣闻的女性，卡罗·约翰逊是其中之一。除了设计公园，卡罗还在哈佛（Harvard）、韦尔斯利（Wellesley）、格林内尔（Grinnell）、鲍登（Bowdoin）、科尔比（Colby）、罗林斯（Rollins）、斯泰森（Stetson）、斯佩尔曼 （Spellman）和艾格尼丝·斯科特（Agnes Scott）等许多美国大学和学院愉快地工作过。

图5-2　华盛顿特区约翰·马歇尔公园内沿宾夕法尼亚大道的平台

　　卡罗·约翰逊被称为美国女性景观设计先驱之一，卓越的项目协调者，2005年，获波士顿景观设计师协会荣誉规划设计奖。2007年，卡罗·约翰逊受邀来中国大陆讲学，参观了长城，北京、上海的公园以及广州附近的湖和岛屿。卡罗认为女性景观设计师的未来是光明的，女性景观设计师通常是一个好的沟通者和合作者。最优秀的、最聪明的女性和男性景观设计师需要共同参与、协同工作。女性能给风景园林行业带来特殊的视角，从而丰富了园林景观，也丰富了所有人的生活，她希望中国的女风景园林师能从自己的经历中获得启迪。

（二）玛莎·舒瓦茨

玛莎·舒瓦茨（Martha Schwartz）出生于美国费城，家中有 5 个姐妹。玛莎的父亲是美国著名建筑师米儿顿·舒瓦茨（Milton Schwartz），他曾是建筑大师路易斯·康（Louis Kahn）的学生。在父亲的影响下，玛莎从小便对建筑设计耳濡目染，但是她最感兴趣的是艺术，建筑设计中的艺术成分潜移默化地熏陶了幼时的玛莎。最先玛莎被美国密歇根大学录取，成为其建筑和设计学院的艺术生。接着她继续在密歇根大学自然资源和环境学院的风景园林研究生部深造，希望学到如何把风景园林艺术化。但是玛莎发现风景园林的教学太注重自然生态而忽略了艺术创造的培养，而这恰恰是她所向往的。于是她向学校申请辅修更多的艺术课程，却被学校拒绝了。最后玛莎在能满足她艺术期望的哈佛大学设计研究生学院深造了风景园林硕士课程。玛莎一直对当代艺术抱有极大的热情，在其个人藏书里，艺术书籍占了绝大部分。在学校的学习生涯中她注重训练如何在二维的平面和三维的物体之间跳跃地转换思维，尝试着从雕塑的角度去思考风景园林空间，努力运用个人的美学喜好来创造一个表达自我的风景园林作品。

玛莎是 20 世纪中后期现代景观艺术的标志性人物，被戏称为"景观界的扎哈"，被认为是一位"始终孜孜不倦地探索景观设计新的表现形式，希望将景观设计上升到艺术的高度"的值得尊重的景观大师。玛莎将城市景观理解为人与自然环境形成的巧妙平衡。她的作品从大地装置艺术横跨到策略性规划层面的城市设计。她重点关注环境的可持续性，致力于让世人意识到都市景观作为城市的环境、社会和经济健康的平台，能够实现城市的可持续性，激活一个地区甚至一个城市。玛莎·施瓦茨早期作品艺术色彩特别浓烈，设计风格较为随性，材料多是以尝试性的、突破性的运用为主。例如百吉饼公园（俗称"甜甜圈公园"），百吉饼被玛莎用作一个"恰当的"景观材料，她认为百吉饼价格便宜又容易安装，可降解又没有污染，既无须灌水，也能在阴凉处"茁壮地生长"。玛莎·施瓦茨将趣味审美融入设计之中，也开启了她的"艺术与可持续"之旅。玛莎的作品相较于同时期其他的男性景观师，有着不可忽视的女性特质。例如，位于日本岐阜的 Gifu Kitagata 公寓，玛莎勘察了场地和建筑成果之后，专门和其他女性设计师成立单独的团队，因为玛莎认为女性更善于设计这样的小空间。她们思考如何为不同的人提供不同的需求同时能舒适享受的空间，并最终在这样一个小的地方创造出能适宜所有年龄段的人融合的空间。玛莎作为有强烈自我意识的女性景观设计师，也一直努力倡导和维护女性景观设计师在行业内的地位和权利。在 2009 年首次接受中国媒体《风景园林》杂志的编辑采访中，她提到自己决定离开 SWA 并且成立自己的公司，就是希望不用花大量的时间和精力去证明自己的能力比男设计师强，同时她也呼吁学界和业界应该给予女性景观设计师更多的发展机会。

值得高兴的是，自 2011 年起玛莎·舒瓦茨事务所在中国已开展了不少设计项目。例如，2011 年受西安园艺世博会委员会邀请，参加了西安园艺世博会。玛莎在面积为 900 平方米的基地上，完成以"城市与自然和谐共生"为主题的大师园设计（图 5-3）。园中传统灰砖砌墙与铺地、柳树、镜子，还有铜质风铃，创造了一个既传统又现代的迷宫，为游人带来了看与在不知情下被看的极为有趣的场景和体验。这些元素分别隐喻了中国传统城市、西安独特地域文化与现实生活的交织，同时从女性视角传递出中国艺术的深远和简约，民生和文化的包容和悠久。在大师园设计中，玛莎选择柳树作为元素之一，源于她理解中垂柳是一种很有中国意味的植物，在中国的诗歌、历史、故事、书法还有绘画中都拥有特殊地位。"柳"既是"留"，能传达思友、思乡之情以及怀旧的情绪，同时因为文人对柳树的拟人化描绘，柳树也常常被描绘富有柔软、含蓄、轻盈、优雅特性的女性。玛莎再一次将自己对于艺术、人文、女性的热爱巧妙融入到景观创作之中，给人们留下深刻的印象。

图 5-3　玛莎完成的西安大师园设计项目（一）

图 5-4　玛莎完成的西安大师园设计项目（二）

（三）凯瑟琳·古斯塔夫森

凯瑟琳·古斯塔夫森（Kathryn Gustafson）1951年生于美国，18岁进入华盛顿州立大学西雅图分校学习了一年艺术，后转入纽约州立大学时装技术学院学习时装和织物设计，1973年赴法国巴黎从事时装设计。不久，她改变了职业方向，到凡尔赛国立风景园林学院学习，并于1979年毕业，1980年她在巴黎建立了设计事务所。1997年古斯塔夫森关闭了巴黎的事务所，与建筑师波特（Neil Porter）一起在伦敦建立了古斯塔夫森－波特事务所（Gustafson Porter）。2000年，古斯塔夫森－古斯利－尼克事务所（Gustafson Guthrie Nichol）在美国西雅图成立，事务所的另外两位创立者古斯利（Jennifer Guthrie）和尼克（Shannon Nichol）也都是女性。

凯瑟琳·古斯塔夫森打破了围墙与栅栏的束缚，将景观设计的范围延伸到了天地交接的地平线处。在她心中，景观设计是没有界限的，她将景观设计回归到了塑造土地上。通过发掘土地本身特有的特征，融入全新的设计元素。她常常将阳光、风、雨水等自然条件渗透到作品之中，从而使作品能够带给人们感官的发现和心灵的体验。她的设计没有强烈的视觉冲击，没有夸张的形态，她创造的是一种平衡、和谐、纯净并触动心灵的景观。从她的作品中能看到场地上的人与大地、水、风和光线的互动，能感悟到大自然的力量与神秘，具有浪漫的基调。早期的作品体现出女权和政治问题，大地雕塑般的地形塑造和细腻生动的细节处理使她的作品显示出较强的女性特征。在成熟期的作品中，她的设计语言得到了高度的提炼，更多地展现出对场所精神的诉求与广博的人文关怀。

海德公园的戴安娜王妃纪念喷泉（Diana, Princess of Wales Memorial Fountain, London）是为纪念1997年8月辞世的英国王妃戴安娜而建，于2004年7月建成并对公众开放，是凯瑟琳·古斯塔夫森的代表之作（图5-5）。创作之初，她通过阅读戴妃的生平试图找到真实的戴安娜，透过戴安娜深受人们爱戴的诸多品质和个性，如包容与博爱，表达出"Reaching Out - Letting In"的设计概念。戴安娜王妃纪念喷泉没有以往纪念性景观所表现出的庄严肃穆的氛围，没有显眼的视觉标识，没有人工处理的规整地形，它显得异常的"沉默"和"平静"，以至于稍不留心，就会在海德公园的漫步道上与它擦肩而过。喷泉隐藏在地形微微起伏的绿地之上，环状的水渠造型光滑柔顺，并与周围的地形和

图 5-5 凯瑟琳完成的戴安娜王妃纪念喷泉（一）

植物融合为一体（图 5-6）。如古斯塔夫森所言，这个长短轴分别为 50 米和 80 米的椭圆环"恰似一串项链，被温柔地'佩带'在原有的景观之上"。喷泉是由 545 块不同形状的花岗岩组成，长度约 210 米，轻盈地穿插在现状地形中的卵圆形的水景装置。它通过地形的高差变化把水流从南侧的水

图 5-6 凯瑟琳完成的戴安娜王妃纪念喷泉（二）

源处向东西两个方向引导，并最终汇入北侧低洼处的水池，在水流通过花岗岩水渠的过程中，通过高差以及水渠肌理的变化，展现出丰富的水景形态。整个景观水路经历跌水、小瀑布、涡流和静止等多种状态，隐喻了戴安娜起伏且令人感叹的一生。椭圆轮廓的水流与其包含在内的植物和地形，也可以被看作一个园林中的人工岛，提醒人们戴安娜在奥尔索普小岛的安息之地。凯瑟琳·古斯塔夫森从女性的视角出发，用极为细腻和艺术的手法诠释出对逝者的深切缅怀之情。整个纪念泉的设计与施工不仅有景观设计师的参与，还有计算机建模专家、工程师、专业石匠的参与，是一次女性视角、艺术表现和科技技术完美融合的作品。

女性景观设计师凭借细腻丰富的感性思维、坚忍不拔的精神品格，在以男性为主的设计领域中，闯出了属于自己的一片天空；同时也让我们所处的环境因为有女性特质的建设营造，而更贴近人们的多重需求。女性视角从景观设计到景观使用，都应是我们所处环境中不可或缺的一部分。面对未来，从关注女性出发，进而实现两性共舞的人性的空间，对大到未来城市、小到未来街道的良性发展，都将更具有现实意义。

二、未来街道的景观畅想

（一）构建以人为核心的可持续性智慧街道景观

人类与街道的交通工具，从农业时代的徒步和马车，到工业时代的机动车和非机动车，随着信息时代新交通运输系统的发展，无人驾驶汽车和空中出租车已进入人们的视野，它不仅会改变人们的出行方式，还将从根本上重塑街道环境，给街道景观带来重大影响。作为智慧城市战略空间的引领者，普利斯设计集团（Place Design Group）一直致力于对"未来街道"

的研究，将位于悉尼环形码头（Circular Quay）附近的阿尔弗莱德街（Alfred Street）改造成了一条未来的街道，该项目是澳大利亚景观建筑师学会2017国际景观建筑节的一部分。这条50米长的街道种植了30颗古老的树木、耗费了100吨的土壤，并且运用了从特斯拉汽车、自动穿梭巴士到智能电线杆和垂直农场的众多技术。2019年，普利斯设计集团在坎特伯雷班克斯敦（Canterbury-Bankstown）"未来街道"活动上发布了《街道的未来》（*Future of Streets*）（图5-7和图5-8）。这本书中关注街道所面临的热

图5-7 《街道的未来》（*Future of Streets*）图书封面

图5-8 《街道的未来》（*Future of Streets*）发布现场

点问题，包括微型移动工具（电动滑板车和无桩自行车），货运及物流（城市货运和食品配送），自动驾驶汽车以及我们城市中的5G，期望以有趣又有效的方式与智慧城市战略互动。

普利斯设计集团关于"未来街道"的研究设计给予当前及未来的城镇街道景观极好的启示。未来街道是将更好的公共空间让位于人，而不是车辆或任何新型交通工具来使用。未来街道景观也应该是基于自动驾驶汽车、智慧城市科技、都市农业和都市景观规划的需求提出的创新理念，这样的街道景观营造模式才能使我们的城镇街道变得更加易行和宜游，更具生产力和可持续性。构建以人为核心的可持续性智慧街道景观，即人性（Humanity）+可持续（Sustainability）+智慧（Smart）的三位一体融合。在信息技术推动下，回归人文核心，关注人性视角，避免重蹈环境恶化的覆辙，将城镇街道景观引入良性的发展轨道，这样的未来城镇街道才能真正值得社会各阶层、各类人群的翘首期待（图5-9～图5-11）。

图5-9 普利斯设计集团完成的未来街道体验区互动装置

图 5-10　普利斯设计集团完成的未来街道视觉化展示

图 5-11　未来街道体验区

（二）回归和谐街坊人情的街道景观氛围

翻看街道的发展历程，从无边界，到有边界，从围边界，到破边界，虽然街道的空间形态随着历史车轮的旋转在周而复始的变化，但透过街道折射出的人情冷暖的故事，却始终是街道空间中最打动人心的主旋律。北京的胡同，上海的石库门，山西的大宅院，江南的水乡，传统街道散发的迷人魅力，除了街道空间中独特的建筑风貌，就是生活在街道中的人们留下的岁月痕迹。街道仿佛是一根根无形的纽带，连接着大千世界的凡夫俗子，从陌生到相识、从相识到相知。这些剪不断的人情故事，使街道不仅仅是行走之道，还是情感之温床，是感受美好之场所。

虽然历史的脚步不可能永远停驻在某个时刻，社会的发展不经意间就改变了街道的模样，但街道中保留着的人与人之间的温情却需要一直传递下去。一条反复走过的街巷，就像自己熟悉的老朋友，这份亲切来自于街道上熟悉的店铺的招贴广告，熟悉的路人的点头微笑，甚至微风中夹杂的熟悉的花香。这些细微的情感，构成了街道和谐与生动的氛围，在悄无声息中紧紧地抓住了人们心中最柔软的部分。把这份温暖与和谐的街道氛围保留下去，不因城市的繁荣而疏离，不因街道的华丽而消亡。让街道景观回归为人们生活的舞台，而不是供人们观赏的展品。让人们悠闲地漫步街巷之中，一边能感受时代跳动的鲜活的脉搏，一边能细细体味那些浓到化不开的人情味。

街道的人情味不仅仅体现在街道人文的传承上，也应该体现在对女性群体的包容、尊重和关爱上。女性在情感和行为体验中比男性更细腻更直观，因而站在女性视角去关注城市街道，更能体现城市街道的包容性，也更能体察街道的人性情感。城市规划咨询公司哥本哈根设计公司（Copenhagenize Design Company）在法国里尔针对女性群体采用自行车出行展开研究，不仅从通行安全角度，还从女性的出行风险、环境偏好和出行链复杂度几个方面综合研究了各类女性出行者在不同出行场景下的出行偏好，帮助人们更好地理解"以人为本，赋权女性"的理念如何在街道规划设计中得到践行。这项研究发现，女性的需求很多时候在一些规划中没有被充分考虑，且她们没有机会发出声音。关注女性对公共空间的观点、理解她们的期待，对于建设更加包容的城市很有必要，也对实现街道和谐、温馨的人情氛围有着重要的指导意义（图 5-12）。

图 5-12　哥本哈根设计公司研究报告——《女性与骑行：包容城市中赋权公共空间建设的案例研究——法国里尔》封面

（三）艺术介入街道空间的景观营造手法

随着城市的发展，生活水平的提高，人们对精神文化的渴望已高于对物质空间的需求。当基本的功能需求不能满足人们在街道空间中的体验时，艺术介入街道空间的景观营造给街道生活带来更多的可能性。一方面，街道空间中的艺术之美，在潜移默化中提高了人们的审美力和环境的吸引力。人们乐于在城市公共空间中去感受艺术之美的力量，而不局限于美术馆、展览馆等专业的文化机构。城市街道环境也因为有了艺术的魅力，而体现出更为鲜明的特色和氛围，彰显了街道的文化品格，提升了城市美誉度。另一方面，通过街道空间，艺术由阳春白雪般的曲高和寡之态，真正地走入大众，融入生活。不仅艺术创作者，包括艺术作品的欣赏着、参与者都共同构成了艺术介入街道空间的一分子，激发了街道空间的活力和生命力。街道空间不再仅仅是支撑城市机器平稳运转的平台，因为艺术的介入，街道空间与人的关系变得更近了，它的人性越发丰满了。艺术以它独特的观察视角、细腻的人文情怀和丰富的表现形式，在街道空间中绽放、生长，建构出新时代的以人为主体的街道美学和城市风貌。

1. 公共艺术与街道景观的共鸣

"公共艺术"是舶来词。在国外，学术界和大众对公共艺术概念的理解大致包括：从公共艺术经费保障的规章制度角度称"百分比艺术"（% for Arts）；从建筑环境角度称"公共建筑中的艺术"（Art in Public Buildings）；从公共空间艺术角度称"公共场所中的艺术"（Art in Public Places）（图 5-13）；从公共设施的审美价值角度称"公共设施中的艺术"（Art in Public Facilities）（图 5-14）；从艺术品与某些建设功用的关系角度称"政府建筑中的艺术"（Art in State Buildings）等。20 世纪八九十年代，"公共艺术"一词才正式被引入到中国。1993 年周之骥主编的《美术百科大辞典》对"公共艺术"的解释是："一门以环境的艺术为要旨，由雕塑、建筑、城市规划以及行为科学、文化、人类学等多学科交叉而成的新兴艺术学科。"由此看出，公共艺术是集艺术学、建筑学、政治学、社会学、符号学等多种学科于一体的新的艺术。

王中教授在《城市文化复兴中的公共艺术》一文中谈道："公共艺术渗透进入城市街巷，丰富了城市空间尺度，'千城一面'的问题自然消解，更重要的是，城市具有了文化亲近感，成为可进入、可交流的弹性空间。"诚然，公共艺术与街道空间完美契合，不同类型的街道空间为公共艺术的表现提供了丰富的主题和舞台，而具有公共性和文化性特点的公共艺术又

图 5-13　芝加哥千禧公园皇冠喷泉

图 5-14　芝加哥千禧公园云门

成为街道空间文化内涵的生动表现形式。公共艺术犹如街道景观的"核心句""关键词",将街道独特的人文内涵以艺术化的形式展现出来。公共艺术品的尺度、材料和形式灵活多样,艺术家通过对街道的观察和理解,将作品巧妙融入街道景观中。相较于街道景观要遵循诸多条例限制而言,公共艺术的创作空间更为自由。往往正是这样偏向艺术而不是趋向工程的创作方法,使公共艺术成为街道景观中独特的风景线。

2. 涂鸦艺术与街道景观的互动

涂鸦艺术是舶来艺术。涂鸦艺术起源于20世纪60年代的美国费城。M.贾斯汀·麦克格雷尔在《涂鸦与城市:关于街头艺术、城市青年与艺术疗愈的新思考》中认为,在北美和欧洲,涂鸦和"街头艺术"经常被描述为青年攻击性与反社会行为的标志,凸显出城市社会阶层与种族冲突问题(图5-15和

图5-15 欧洲街道建筑特色涂鸦

图5-16)。不同于西方涂鸦所带有的对社会的不满和对政府的反抗,涂鸦在中国的出现并非源于种族、宗教、政治等问题,更多的是一种艺术表达方式上的选择,抑或是受到西方嘻哈文化的影响。国内的涂鸦艺术人文关怀色彩浓厚,极具在地化特色,给人印象深刻。例如,北京浓厚的文化氛围与深厚的艺术资源让世人瞩目,位于北京市海淀区人民大学南路的"北京之墙",就是为迎接北京奥运会而创作的"奥运向我们走来"的涂鸦墙。热烈奔放的视觉图形充斥下的"北京之墙",成为奥运期间世界了解中国的重要窗口。

国内涂鸦艺术个性化、平民化和互动性的特征,在美化街道景观中起到了积极的作用。涂鸦艺术作品可以灵活运用在街道空间中的沿街建筑立面、围墙、街道设施等需要展现景观形象的载体上,无论是喷绘还是徒手

绘制，涂鸦作品都可以通过鲜明的文化主题、丰富的色彩和造型表现，给人以强烈的视觉冲击。

    不同于画廊里的传统古典艺术，涂鸦艺术更注重对当下日常生活的艺术化表现，因而创意十足的涂鸦艺术非常适合于一些老旧街道空间的景观更新。例如智利圣地亚哥 Bandera 大街因地铁建设需要形成路障隔离，但同时会对该路段的商业造成影响。改造项目另辟蹊径，把街道变成一个带有一些绿地、色彩和城市家具的步行区。艺术家用轻巧智慧的涂鸦艺术结合一些城市家具，将车辆挡在街道外面，人可以自由行走。沿街商铺的经济未受影响，改造项目也用很少的资金就将街道变为色彩明丽的步行区，并点缀一些绿地和城市家具，使原本不能用的城市微空间得到很好的利用。上海"光华创意街区涂鸦节"用艺术的方式重塑街区内旧厂房、旧仓库的外貌现状，改善街区文化氛围，使光华路成为上海别具海派特色的又一地标性"创意街区"，增添闵行地区新的文化元素。

图 5-16　伦敦建筑立面涂鸦

3. 数字艺术与街道景观的狂欢

数字艺术是以数字科技的发展和全新的传媒技术为基础，将人类理性思维和艺术感觉巧妙融合一体的艺术。数字艺术是艺术和科技高度融合的多学科的交叉领域，涵盖了艺术、科技、文化、教育、现代经营管理等诸多方面的内容。数字信息时代，新艺术形式的审美观、技术观、价值观和设计理念在不断影响着人们熟悉的城市生活。数字艺术的兴起和广泛应用也为城市街道景观的创新设计提供了无限的可能。

其中数字图像处理技术与无线数字传输技术的融合和发展改变了传统城市景观单一的视觉观赏，实现了现代城市景观设计可视化、数字化、智能化的互动体验。例如北京世贸天阶的电子梦幻天幕，运用数字图像技术与无线数字传输技术的融合，为整条世贸天阶商业街带来色彩、声音、光线等多种元素结合在一起的梦幻景观环境。

图 5-17　成都天府环宇坊
UNIFUN 街景立面

数字艺术可以通过建筑媒体幕墙的形式，将街道建筑立面变成巨大的数字画布，既是新型的户外广告，又是节能环保、美化街景的新手段。例如，位于成都的天府区的中海环宇坊 UNIFUN（图 5-17），拥有大面积的户外露台和"游戏化"的外立面，是柯路建筑兼并科技与商业敏感性，创造线上线下交互建筑的一次设计尝试。环宇坊的多媒体外立面可以成为易操控、动态化、信息及时更新的广告幕布，对线上互动、品牌形象、商业信息、线下活动等繁杂的商业内容都能进行实时、有效地推广。LED 外立面、广告牌以及 LOGO 三大广告表现形式与灯光及建筑表皮结合，使外立面拥有更多的变化，二维码的媒体形式使广告具有趣味性，与灯光的配合提升其在夜晚的昭示性。

图 5-18　数字花朵概念图纸

将数字算法应用与景观造型，也给街道景观的艺术表现力增添了独特的美感。例如，同济大学建筑学院副教授，上海创盟国际建筑设计有限公司设计总监袁烽带领"上海数字未来工作坊"（Digital FUTURE Workshop 2012）的指导老师和学生们，共同完成了以"数字花园"（Digital Garden）为主题的系列作品。其中位于 MoCA 入口广场的"数字花朵"（Digital Flower）景观装置（图 5-18 和图 5-19），其将数字美学、性能化

图 5-19　"数字花朵"景观装置

形式、多维度空间和抽象的自然融为了一体，通过数学运算与几何生成在多维空间的迭代中将数学的美融入花朵的形态中。

（四）数字技术融入的智慧街道景象

数字技术可将街道家具作为载体，直接植入城市生活。例如法国巴黎香榭丽舍大街上的一个智能数字站，能让使用的每一个人都受益（图5-20和图5-21）。这个数字站可以遮挡阳光，为人们提供座椅，并提供高速的WIFI接入。其造型像由树桩托起的绿色花园。精心打磨的混凝土座椅配有插座和休息小台面，方便人们放手，或者书，或者笔记本。智能数字站还为游客和居民配置了一个包含城市服务信息和指南的大触摸屏，时尚的造型与多元的功能巧妙结合。

图 5-20　法国智能数字站

图 5-21　法国智能数字站细节

在KPF建筑师事务所为科技巨头业主设计的一个以科技为基础的大型街区方案中，智慧街道系统解决了一个基本问题：传统街道是静态的，但人们在一天中的需求不断发生变化。KPF提出的智慧型街道设计，可以根据实时交通数据更改交通动线和配置，以最大限度地提高便利性、交互性和宜人度。当早晨人们通勤上班时，街道上有下客区、长椅和咖啡车。当人们午休时间吃午餐时，同样的地方转变成了空地和饮食摊。

当人们下班准备回家时，又变成了外摆零售店、移动式医疗诊所、游乐场和慢跑小径。周末时间，车行道可转化成音乐会场地和节日欢庆场所。智慧街道设有各式带有传感系统的可移动装置。该系统根据人们的日常行为和需求即时计算并优化布局。自动驾驶交通工具（Autonomous Vehicles）也给未来街道也给未来街道的景观设计提出更多可能性，例如可以预测行车道的数量和方向，这样可以释放出不需要的道路面积用于街道绿化，而当前街道上过多的交通指示标识会大量消失，街道会更加以人为中心，景观会更细致地呵护妇女儿童及年老体弱者在街道上的步行感受。上海市规划和国土资源管理局、上海市交通委联合发布了《上海市街道设计导则》，提出了智能集约改造街道空间，智慧整合更新街道设施的目标：控制智能设施占地面积，引导街道智慧管理；鼓励现有设施进行智能改造、提升城市服务水平；鼓励沿街界面智能化，促进城市立面与智能设施的整合；集约设置沿街市政设施和街道家具，使街面整洁。未来的智慧街道将更多地把街道空间让位于人们，让街道景观的服务功能提升新台阶，使街道中的妇女儿童及年老体弱者体会到更细腻的人情味（图5–22和图5–23）。

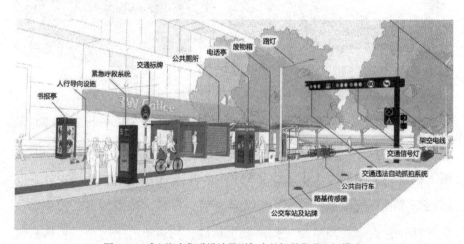

图 5–22　《上海市街道设计导则》中的智慧街道空间模式

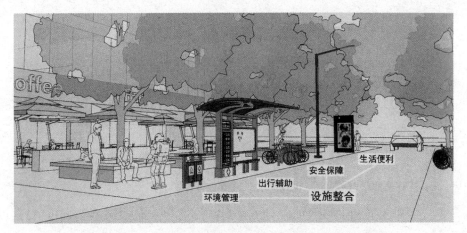

图 5-23 《上海市街道设计导则》整合街道空间内的各项智慧功能

　　无论时代如何变化，由两性群体共同撑起的人类，都将继续在地球上勇敢地探索。我们在期待和向往美好未来的同时，都需回顾过往与当下，放慢脚步，俯身倾听。看看这条布满荆棘的前进之路上，同伴们是否携手前行；试试披荆斩棘创造出的街道盛景中，是否让每个群体都能感受温暖。最重要的是，不要忘了女性视角,那股坚定、细腻、包容、温暖的目光,在"她"的凝视下，城镇街道景观将迈出更加从容、曼妙、浓情、轻盈的舞步。

参考文献

[1]　卡罗·约翰逊,刘纯青.一位女风景园林师的职业生涯[J].中国园林,2015,31(3): 5-7.

[2]　周梁俊.创作人生:访世界著名风景园林师玛莎·舒瓦茨女士［J］.风景园林, 2009（1）: 14-27.

[3]　王向荣.我所了解的风景园林行业的八位杰出女性［J］.中国园林,2014,30（3）: 5-10.

［4］ 翁剑青.公共艺术的观念与取向：当代公共艺术文化及价值研究［M］.北京：
北京大学出版社，2002.

［5］ 武定宇.演变与建构：1949年以来的中国公共艺术发展历程研究［D］.北京：
中国艺术研究院，2017.

［6］ 王中.城市文化复兴中的公共艺术［J］.城市环境设计，2016（4）：431-433.

［7］ M.贾斯汀·麦克格雷尔，吴晶莹.涂鸦与城市：关于街头艺术、城市青年与艺
术疗愈的新思考［J］.世界美术，2020（3）：16-19.

［8］ 刘炯.公共空间理论视角下的北京街头涂鸦研究［J］.北京社会科学，2019（12）：
14-25.

［9］ 单鹏宇，王悦.涂鸦艺术在城市微空间中的应用研究［J］.城市建筑，2020，17
（33）：100-102.

［10］ 应琛.涂鸦：不只"出彩"，还很"惠民"［J］.决策探索：上，2020（9）：47-
50.

［11］ 张皖宁.数字媒体艺术在城市公共景观设计中的应用研究［D］.沈阳：沈阳航
空航天大学，2018.

［12］ 伊恩·伦诺克斯·麦克哈格.设计结合自然［M］.芮经纬，译.天津：天津大
学出版社，2006：97-105.